武侠物理

李开周——著

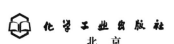
化学工业出版社

北　京

图书在版编目（CIP）数据

武侠物理／李开周 著．—北京：化学工业出版社，2017.7（2025.1重印）
ISBN 978-7-122-30160-4

Ⅰ．①武… Ⅱ．①李… Ⅲ．①物理学－青少年读物 Ⅳ．①04-49

中国版本图书馆 CIP 数据核字（2017）第 164155 号

责任编辑：罗　琨　　　　　　　　　　　　装帧设计：水玉银
责任校对：宋　夏

出版发行：化学工业出版社（北京市东城区青年湖南街 13 号 邮政编码 100011）
印　　装：三河市双峰印刷装订有限公司
710mm×1000mm　1/16　印张 13¾　字数 157 千字
2025 年 1 月北京第 1 版 第 15 次印刷

购书咨询：010-64518888　　　　　　　　售后服务：010-64518899
网　　址：http://www.cip.com.cn
凡购买本书，如有缺损质量问题，本社销售中心负责调换。

定　价：　39.80 元

序言
preface

开场白：当神奇武功遇上物理公式

这是一部科普书，一部普及物理科学的科普书。

与其他科普书不同的是，这部书要讲述的不是物理史话，不是日常生活中的物理常识，也不是借助天体物理和量子物理的理论基础来探讨星球大战以及科幻电影中出现的各种黑科技，而是试图用物理公式来解析武林神功，用江湖世界来演绎物理定律。

比如说，小说中的内力是一种什么力？电视上的内功是一种什么功？"青萍渡水"需要多大浮力？"隔山打牛"需要多大功率？人类的速度能否追上奔马？隔空的剑气能否置人死地？小龙女的青春永驻与相对论有什么关系？段誉的凌波微步可不可以拿来解释量子物理中的"测不准定理"？

江湖世界是虚构的，至于点穴、内力、刀枪不入、传音入密等神奇武功，更加荒诞不经。但是这个虚构的江湖却很有趣，很有观赏价值，很能吸引绝大多数受众的眼球。所以呢，这本书就用大家最爱看的武侠桥段做成虚拟的靶子，同时把大家最不爱看的物理定律削成利箭，一支又一支射上去。佛陀有云："欲令入佛智，先以欲勾牵。"说的就是这个意思。

物理学是一门非常美妙的科学，就在现代科学产生以来的最近几百年内，有无数才智卓绝的高手为之添砖加瓦，把这门学科建构成一座高耸入云的大厦。与此同时，这门学科的很多分支都已经在现实生活中得到广泛应用，从回旋镖到原子弹，从避震器到磁悬浮列车，从手机通讯到量子加密，从小孔成像到核磁共振成像，无一不在改变着我们的生活，使这个人类世界发生着翻天覆地的变化。

令人遗憾的是，我们普通人对物理学并不感兴趣。是的，物理很美，很有用，可是物理公式太枯燥，物理定律太艰深，物理书上的专业表述太晦涩，一个人如果没有相关的学术积累，如果没有经受过长期的数理训练，实在无法领略物理学的优美和有趣。就像一部伟大的交响乐作品，没有乐理基础的朋友是体会不到它究竟有多么伟大的。

我们不是没有接受过物理学方面的教育。在中国大陆，至少从初中就有了物理课程，可惜在应试教育的大环境里，我们的老师和学生总是不由自主地把那些精彩绝伦的物理定律变成一道又一道数学运算，让本来就没有亲和力的物理教材变得更加令人生畏。要想真正进入一门科学的殿堂，数学运算当然是有必要的，但那只是小小的学习工具，绝不是物理学习的全部。真正的物理学，是千回百转的推导过程，是无可比拟的哲学思辨，是激动人心的伟大实验，如果我们仅仅是为了在物理试卷上取得好成绩，那结局一定是赢了分数、输了感情——输掉对物理学的感情，对科学的感情，对理性和思考的感情，甚至将漫长学习中积累的那一点点物理知识也统统输掉。不信您可以问问那些多年前学过中学物理的成年人，还有谁记得热力学定律？还有谁会画光路图和电路图呢？

物理本来很诱人，只是因为长期以来我们把它变成了考试工具，只是因为我们的物理教材和市面上绝大多数物理书籍（包括做物理科普书籍）都太枯燥，它才成了如今这副面目可憎的鬼样子。为了让以前没有接触过物理的朋友爱上物理，为了让以前学过物理的朋友重新发现物理之美，我写下《武侠物理》这本小书。

希望这本书可以达成它的目的，希望大家可以非常开心地把它读完。

目录

contents

第一章

武侠世界的速度

无坚不破，唯快不破

"无坚不破，唯快不破！"

在周星驰的电影《功夫》当中，邪派第一高手火云邪神用手指夹住了一颗射向他脑门的子弹，然后说出了这么一句经典台词。

这句台词的意思是，无论多么厉害的硬功都有罩门，唯有速度没有罩门——你刚瞧见他的破绽，正要对准破绽一击致命，他的防守已经到了，原有的破绽突然不是破绽了。就像金庸先生在《笑傲江湖》中描写的辟邪剑法那样。

剑招本身并没什么特异，只是出手实在太过突兀，事先绝无半分征兆，这一招不论向谁攻出，就算是绝顶高手，只怕也难以招架。

同书中还有一段针对葵花宝典的论述，将无坚不破的道理阐明得更为清楚。

独孤九剑的要旨，在于看出敌手武功中的破绽，不论是拳脚刀剑，任何一招之中都必有破绽，由此乘虚而入，一击取胜。那日在黑木崖上与东方不败相斗，东方不败只握一枚绣花针，可是身如电闪，快得无与伦比，虽然身法与招数之中仍有破绽，但这破绽瞬息即逝，待得见到破绽，破绽已然不知去向，决计无法批亢捣虚，攻敌之弱。是以合令狐冲、任我行，向问天、盈盈四大高手之力，无法胜得了一枚绣花针。

但是不管出手有多快，总会有一个速度极限。

在宁财神主创的情景喜剧《武林外传》中，盗圣白展堂出手就很快，用他自己的话讲，已经达到了"势如疾风，快如闪电"的境界。疾风是很快的，地球上最快的风速是龙卷风中心附近的风速，每秒最快 300 米。闪电更快，美国能源部测算出的闪电平均速度是 14 万公里每秒，将近光速的一半。

我们人类的出手速度能达到光速的一半吗？当然不能。物理学上有一个宇宙第三速度：当某个物体的速度大于或者等于 16.7 公里时每秒，这个物体将挣脱太阳引力的束缚，飞到太阳系以外。假如一个武林高手的出拳速度能达到 16.7 公里每秒，由于逆天的速度和可怕的惯性，他的拳头将在瞬间之内拽断骨骼和肌腱，随后脱离身体，飞出地球，飞出太阳系，一直飞到浩瀚无际的太空中去。当然，考虑到地球表面有厚厚的大气层存在，拳头飞出时将与空气摩擦生热，没等飞出地球，就会燃烧殆尽。所以"快如闪电"仅仅是一个夸张的说法——16.7 公里每秒尚且达不到，何况 14 万公里每秒呢？

那么"势如疾风"能否做到呢？如果出手速度与 300 米每秒的最快风速齐平，又会发生什么样的物理现象呢？

首先是空气阻力的问题。300 米每秒基本上接近声音在空气中的传播速度（340 米每秒），物理学上称为"亚音速"。此时拳头将明显感觉到

空气对它的阻力，该阻力与风阻系数、拳头的运动速度、迎风面积的平方成正比。经过计算可以得知，当一个成年男子的拳头相对空气做300米每秒的运动时，受到的空气阻力大约是80牛顿，相当于一小桶水的重量。

对武林高手而言，每次出拳都要克服这么大的阻力并不困难，困难的还是如何化解摩擦生热的问题。假如每次出拳的平均速度都在300米每秒上下，并且在几分钟内以高频率连续出拳的话，空气分子与手掌表面分子剧烈碰撞，使内能增大，温度升高，手的表面温度将很快达到几百度。如果没有练过火焰掌之类的神奇功夫，手会被严重烫伤，用不着对手还击，自己就把自己打败了。

如果一个高手的手掌可以忍受高温，这样快速出拳还是很有好处的。第一，无坚不破，唯快不破，如此神速的出击就像发射出一颗颗子弹，绝对让敌人防不胜防。第二，快速运动的拳头和手臂可以带动周围的空气快速流动，在身体四周形成强大的旋风，可以将质量较小的暗器挡在外面。所以当武林高手面对天女散花般的暗器偷袭时，常常不管暗器的来路，自顾自地出掌，用掌风将自己罩在其中，针扎不透，水泼不进，从四面八风射来的暗器纷纷被弹落在地。

《天龙八部》第四十二回，慕容复看不清段誉六脉神剑的来路，只好"使出慕容氏家传剑法，招招连绵不绝，犹似行云流水一般，瞬息之间，全身便如罩在一道光幕之中"。这样一来，段誉的无形剑气就被他的快剑挡在外面了。究其原理，也是因为快剑激起了旋风，旋风隔绝了剑气。

六脉神剑号称天下第一，无人能敌。可是慕容复却可以通过速度极快的快剑抵挡一阵，看来火云邪神老兄"无坚不破，唯快不破"的说法还真不是乱盖的啊！

大侠赛跑

在武侠世界中，并非所有人都靠速度取胜，丐帮前帮主乔峰就是一个例子。

乔峰的武功当然很高，但他的速度并不算快。《天龙八部》第十四回，他跟段誉赛跑，"两人并肩而前，只听得风声呼呼，道旁树木纷纷从身边倒退而过"。乍看上去好像很快，比得上两部在赛道上你追我赶的跑车。但是看了后文就知道，与我们这些凡夫俗子相比，乔峰跑得并不算快。

《天龙八部》第二十回，乔峰为了探明自己的身世，出了代州城，直奔雁门关，"他脚程迅捷，这三十里地，行不到半个时辰"。"半个时辰"即1个小时，"三十里地"即15公里，1小时跑完15公里，每个腿脚正常的成年男子都做得到，丝毫没有出奇之处。

金庸先生另一部武侠小说《笑傲江湖》描写了令狐冲小师妹岳灵珊的速度，也不见出奇。话说岳灵珊偷了华山派的镇派之宝《紫霞秘籍》，连夜送给令狐冲，她的六师兄陆大有代替令狐冲致谢："小师妹，这来回一百二十里的黑夜奔波，大师哥永远不会忘记。"一个晚上大约12个小时，"一百二十里"大约60公里，岳灵珊的平均时速才5公里，比乔峰更慢。由此可见，华山派剑法有独到之秘，轻功却不是长项。记得高中二年级寒假，我曾经用3天时间徒步走完150公里，刨去吃饭和休息的时间，平均时速 6 公里，完胜华山女侠岳灵珊。

比赛走路的速度，岳灵珊不如我，我不如乔峰，乔峰比不上现在任何一个长跑运动员。而无论多么专业的运动员都比不上温瑞安在《神相李布衣》系列中塑造的轻功高手白青衣。

曾经有三个人对白青衣实施偷袭，一个是"千里不留情"方化我，一个是"流星"银却步，一个是"八步赶电"华满天。听外号就知道，这三个人都是江湖上顶呱呱的轻功高手，速度一定不逊于刘翔以及博尔特。但是呢，他们不幸遇上了白青衣这个克星。

那是一个晚上，月色皎洁，月光如水，方化我、银却步、华满天三人同时向白青衣打出三种暗器，没有打中，随即风紧扯呼。为了不让白青衣追上，他们分三个方向逃跑。

"八步赶电"华满天眨眼之间跑出一里多地，就算是一头飞奔的马也赶不上他一半的速度。忽然，他听见前面一棵树上传出白青衣的声音："华满天，你跑了那么久，一定是累了，既然累了，那就歇歇吧。"华满天吓得魂飞天外，拧身转向，如强弩上的利箭般飞射而出，结果被白青衣用一片飞射更快的树叶要了小命。

"流星"银却步比华满天跑得还要快，他正往另一个方向飞奔，猛然瞧见前面一棵树下正坐着悠闲的白青衣，然后他也被一片树叶要了小命。

当白青衣先后追上并杀掉华满天和银却步之时，"千里不留情"方化我已经逃到了江心的竹筏上。他长出一口气，暗暗庆幸自己逃脱了追杀。这时候，他眼前一花，赶紧揉了揉眼睛，看见前方江面上正站着白青衣这个煞星。然后呢？他也没有然后了。

白青衣的轻功究竟有多好？速度究竟有多快？温瑞安没有写出相关数据，我们不得而知，也无从推算。漫威电影《X战警》系列中有一个绰号"红魔鬼"的变种人，具有瞬间移动的超能力，意到身至，从纽约到伦敦，一闪念就到了，比孙悟空的筋斗云都快。白青衣白大侠的神奇轻功大概就属于这种超能力吧？

超能力超出了物理学范畴，我们暂不考虑。下面继续分析金庸先生塑造的轻功高手。

金庸《侠客行》中有两个来自侠客岛的侠客，一个叫张三，一个叫李四，江湖人称"赏善罚恶二使"，武功和轻功都高得出奇。《侠客行》第十五回，来自东三省的飞刀女侠高三娘子向他们射出四柄飞刀，他们不闪不避，就在飞刀即将射中他们后背的那一瞬间，两人突然向前飞跃而出，"众人眼前只一花，四柄飞刀啪的一声，同时钉在门外的照壁之上，张三、李四却已不知去向。飞刀是手中掷出的暗器，但二人使轻功纵跃，居然比之暗器尚要快速，群豪相顾失色，如见鬼魅"。

飞刀是要用腕力发射的，专业运动员甩飞刀，抖腕的速度可以达到20米每秒左右，所以飞刀的初速度也在20米每秒左右。由于空气的阻力，飞刀在射出后会越来越慢，快要落地时的末速度取决于腕力、风力、发射角度、发射高度和飞刀质量的大小，大约在每秒1米到5米之间。好吧，就算高三娘子腕力不行，风力很大，飞刀很重，发射时的角度和高度都不合理，飞刀即将接触赏善罚恶二使身体时的速度至少也会在1米每秒以上。赏善罚恶二使要想不被飞刀扎中，至少要在0.01秒甚至0.001秒的极短时间内加速到1米每秒。根据加速度等于速度变化量除以时间的计算公式，他们起跑时的加速度要达到100米每秒平方甚至1000米每秒平方！这样大的加速度绝对是人类体能所无法达到的。

2009 年 8 月 17 日，可以代表人类起跑最快速度的"闪电"博尔特在百米赛中以 9 秒 58 的成绩创下世界纪录，平均每秒能跑 10 米以上。假如高三娘子在博尔特完成起跑以后才射出飞刀，那么飞刀很有可能追不上博尔特。但是假如博尔特在高三娘子射出飞刀以后才起跑，他一定会死在飞刀之下。因为每个人起跑时的初速度都为零，要等到几秒以后才能达到最快速度。

2015 年，英国皇家兽医学院的科研人员在 367 只猎豹身上安装了 GPS，测出猎豹奔跑时的最快速度是 25 米每秒，而起跑加速度则是 8.3 米每秒平方，相当于博尔特起跑加速度的 4 倍左右。如果我们在 10 米开外向猎豹射出一支初速度为 20 米每秒的飞刀，飞刀接近猎豹时的瞬时速度为 10 米。此时猎豹开始发觉并立即逃跑，它照样逃不脱被飞刀扎中的命运。猎豹尚且如此，何况人乎？

现在我们假设赏善罚恶二使轻功惊人，起跑加速度为 100 米每秒平方甚至更高，果真像金庸先生描写的那样瞬间飞跃，飞刀当然扎不中他们。可是他们能否承受如此惊人的加速度所产生的惯性力呢？按照牛顿第二定律，物体加速运动时所受惯性力等于加速度与其质量的乘积。如果赏善罚恶二使各重 50 公斤，起跑加速度为 100 米每秒平方，那么他们将分别承受 5000 牛顿的惯性力。这个力与他们的运动方向相反，相当于前方有一个半吨重的物体均匀并且快速的撞击在身体的各个部位，即使不能将他们压扁，至少也会折断他们的颈椎。

通过以上分析，我们认识到了加速度的可怕威力。是的，我们可以凭借一些非常先进的交通工具快速行进，可以乘坐 600 米每秒以上的超音速飞机安全航行，但是我们所能承受的加速度却很小。通常来说，10米每秒平方的加速度就会让没有受过长期训练的普通人呕吐，而100米每秒平方的加速度则会让人面临生命危险。电梯起步和停止时都很慢，飞机起飞和降落时都要非常平稳地加速和减速，就是因为这个道理。

武林高手能否追上骏马？

在这颗星球上，许多动物的起跑加速度都比我们人类大得多，猎豹是这样，马也是这样。

YouTube 上有一段赛马与特斯拉 model S 对决的视频。发令枪一响，马与车同时起步，才一眨眼工夫，马就跑到了前面，将特斯拉甩出好几米远。

特斯拉 model S 的百公里加速时间是 2.8 秒，换句话说，从起步到时速 100 公里只需要 2.8 秒的加速时间。时速 100 公里约等于 28 米每秒，将这个速度除以加速时间 2.8 秒，得出特斯拉的加速度是 10 米每秒平方，与奥运冠军博尔特百米冲刺时的起跑加速度相当。

博尔特够快吧？特斯拉够快吧？而一匹赛马能将他和它甩到后面，说明赛马更快。

但在赛马与特斯拉比赛的视频中，赛马只是暂时领先，大约两秒钟不到，特斯拉已经追上并超越了赛马，随后将赛马甩得越来越远，越来越远……

咦，赛马的加速度不是比特斯拉还要大吗？后来为什么跑不过特斯拉呢？因为决定物体运动快慢的物理量除了加速度，还有加速时间。赛马加速度很大，但是只能将这个加速度保持极短的时间，等瞬时速度增加到 10 米每秒左右，它就没有力气继续加速了。而汽车拥有强劲的动力，普通家用轿车也有一两百匹的马力，故此可以持续加速，很快加速到 10 米每秒、20 米每秒、30 米每秒、40 米每秒……即使不是特斯拉，即使驾驶一辆动力很"肉"的入门级家轿，最终也将超越奔跑的赛马。

回头再看《天龙八部》中乔峰与段誉赛跑那段情节。

> 那大汉迈开大步，越走越快，顷刻间便远远赶在段誉之前，但只要稍缓得几口气，段誉便即追了上来。那大汉斜眼相睨，见段誉身形潇洒，犹如闲庭信步一般，步伐中浑没半分霸气，心下暗暗佩服，加快几步，又将他抛在后面，但段誉不久又即追上。这么试了几次，那大汉已知段誉内力之强，犹胜于己，要在十数里内胜过他并不为难，一比到三四十里，胜败之数就难说得很，比到六十里之外，自己非输不可。

你看，乔峰的内力比不上段誉，犹如赛马的马力比不上汽车。乔峰的加速度超过段誉，但是却不能像段誉那样持续加速，所以只能暂时领先，比到六十里之外，他就会被段誉甩到后面了。高手赛跑，表面上比的是轻功，实际上比的是内力，轻功好的一方加速度大，内力好的一方加速时间长，比到最后，加速度大的一方会输给加速时间长的一方。所以呢，如果乔峰和段誉一起参加奥运会的田径项目，乔峰一定会在百米跑、二百米跑、八百米跑等短距离比赛中胜出，最后却在马拉松比赛中败给段誉。

假如现在举行一场别开生面的马拉松比赛，让一人一马进行 PK，最后谁会胜出呢?

　　我猜绝大多数读者朋友都会认为人不如马。第一,马比人加速快(博尔特那种"超人"属于例外);第二,马比人耐力久。无论是加速度还是加速时间,马都超过了人,当然会赢得马拉松比赛了。

　　在大不列颠岛西南部的威尔士,那里每年都要举行一场"人马"马拉松大战,比赛距离为35公里。在这种比赛中,基本上都是马赢,只有极个别时候人能比马先跑到终点。但是如果将比赛距离延长到42公里,也就是正规的马拉松距离,马就不行了,专业的马拉松运动员会胜过专业的赛马,提前几分钟甚至半小时抵达终点。这到底是为什么呢?

　　问题出在马的毛上。像其他大多数动物一样,马的皮肤外面覆盖着浓密的毛发,可以保温并防止蚊虫叮咬。当马进行长距离奔跑的时候,体表会产生大量的热量和汗水,而毛发却会阻挡散热,就像我们三伏天穿了一件被油浸透的皮衣一样难受。越跑越热,越跑越黏,马就崩溃了,跑不动了,要么减缓速度,要么累瘫在赛道上。我们人类皮肤裸露,汗腺密布,想怎么排汗就怎么排汗,热量迅速散发在空气中,故此可以比马更耐久地进行长距离运动。

　　如果我们将马换成速度更快、爆发力更强的猎豹,让猎豹与人进行马拉松比赛,猎豹也会像马一样惨败,甚至会比赛马还要提前瘫倒在赛道上。因为猎豹散热比马更慢,只能短途冲刺,完全不适合几十公里的长距离奔跑。当然,这只是理论分析的结果,从来没有人真的与猎豹比赛过,毕竟这种动物尚未驯化,不会听从人的指挥,你和它跑出没几步,就会被它吃掉。

　　古人常用"日行千里,夜行八百"来形容骏马的速度和耐力,实际上无论多么厉害的骏马都不可能日行千里。千里即 500 公里，12 小时跑 500 公里，平均时速 40 公里，秒速在 10 米以上，马是做不到的。或许前几公里能做到，但后来会越来越慢，直到累瘫。

《射雕英雄传》里郭靖郭大侠有一匹小红马，是来自西域的汗血宝马，据说曾经得到汉武帝的垂青。这种马能日行千里吗？当然也不能。《射雕英雄传》第七回，郭靖骑着小红马来了一阵长途疾驰，小红马身上很快渗出像鲜血一样的汗水，估计郭靖的裤子也会沾上这种汗水。这时候，小红马其实已经不能再快速奔跑了，金庸先生写它"仍是精神健旺，全无半分受伤之象"，那是小说里的夸张，是为了表现汗血宝马的神骏无敌，现实生活中并没有这样的马。

在另一方面，金庸先生为了表现武林高手的轻功，也会让人的速度超过马。

例如《神雕侠侣》第三十九回。

　　一灯大师见情势不妙，飞身下马，三个起伏，已拦在两个徒儿的马上，大袖一扬，阻住马匹的去路，喝道："回去！"武三通和泗水渔隐本是逞着一股血气之勇，心中如何不知这一去是有死无生，眼见师父阻拦，便勒马而回。蒙古官兵见这高年和尚追及奔马，禁不住暴雷也似喝彩。

再如《倚天屠龙记》第三十四回。

　　张无忌呼呼两掌，使上了十成劲力，将玄冥二老逼得倒退三步，展开轻功，向王保保马后追来。玄冥二老和其余三名好手大惊，随后急追。张无忌每当五人追近，便反手向后拍出数掌，九阳神功威力奇大，每掌拍出，玄冥二老便须闪避，不敢直撄其锋。如此连阻三阻，张无忌追及奔马，纵身跃起，抓住王保保后颈。这一抓之中暗藏拿穴手法，王保保上身登时酸麻，双臂放开了赵敏，身子已被张无忌提起，向鹿杖客投去。鹿杖客急忙张臂接住，张无忌已抱起赵敏，跃离马背，向左首山坡上奔去。

事实上，这种描写反倒比小红马的日行千里更为靠谱：在马跑热、跑累、速度放缓的时候，人确实可以追上马，即使是我们这些不会轻功的普通人类也可以做得到，前面说过的"人马"马拉松不就是证明吗？

怎样在水面上飞奔？

《射雕英雄传》第一百零四回，西毒欧阳锋曾经两次追赶过郭靖的小红马，两次都失败了。

先看第一次。

> 欧阳锋大怒，身子三起三落，已跃到小红马身后，伸手来抓马尾。郭靖不料他来得如此迅捷，一招"神龙摆尾"，右掌向后拍出。这一掌与欧阳锋手掌相交，两人都是出了全力。郭靖被欧阳锋掌力一推，身子竟离马鞍飞起，幸好红马向前奔，他左掌伸出，按在马臀，一借力，又已跨上马。

欧阳锋轻功绝顶，以极高的加速度追到了小红马身后，本来准赢无疑。但是郭靖作弊，在马背上跟他对了一掌。根据牛顿第三定律，两个物体之间的作用力和反作用力总是大小相等，方向相反，并且作用在同一条直线上。降龙十八掌刚猛无双，一掌至少有 1000 牛顿的力道吧？譬如郭靖用 1000 牛顿的掌力击打欧阳锋，欧阳锋会还给他 1000 牛顿的反作用力。该力先传递到郭靖身上，再通过郭靖传递到马身上，力的方向与马的方向相同，帮助小红马加大了马力，跑得更猛更快。与此同时，欧阳锋受到郭靖那 1000 牛顿的掌力，加速度锐减，速度放缓，再也追不上小红马了。

再看第二次。

> 这番轻功施展开来，数里之内，竟比郭靖胯下这匹汗血宝马要迅速。郭靖听得背后踏雪之声，猛地回头，只见欧阳锋离马已不过数十丈，一惊之下，急忙催马。这汗血宝马果真不同寻常，这般风驰电掣般全速而行，欧阳锋轻功再好，时间一长，终于累得额头见汗，脚步渐渐慢了下来。待驰到天色全黑，红马已奔出沼泽，早把欧阳锋抛得不知去向。

欧阳锋这次败北是因为耐久力不如小红马。他轻功绝妙，内力悠长，但小红马的马力似乎更悠长。比赛到傍晚，欧阳锋累得跑不动了，速度再次放缓，再一次输给了小红马。看来金庸先生不了解马的耐久力，一匹心肺发达的骏马在耐力上其实会输给一个心肺发达的人类。

欧阳锋与小红马的两次比赛都是在沼泽里进行的，那片沼泽面积庞大，皑皑白雪覆盖着深不见底的稀泥，无论是人是马，都很容易陷进去。欧阳锋和小红马为什么都没有陷进去呢？因为跑的速度足够快。

《射雕英雄传》原文是这么写的。

> 待离欧阳锋数十丈处，只感到马蹄一沉，踏到的不再是坚实硬地，似乎白雪之下是一片泥沼，小红马也知不妙，急忙拔足。奔到临近，只见欧阳锋绕着一株小树急转圈子，片刻不停。郭靖大奇："他在闹什么玄虚？"一勒缰绳，要待驻马相询，哪知小红马竟不停步，一冲奔出，

随又转回。郭靖随即醒悟："原来地下是沼泽湿泥，一停足立即陷下。"

欧阳锋快速转圈片刻不停，就能保证自己不陷到泥地里去吗？答案是肯定的。

我不知道大家有没有看过《动物世界》里爬行动物双冠蜥在水面上飞奔的镜头。双冠蜥生活在热带雨林，躯干修长，雄性双冠蜥尖尖的脑袋上长着两只漂亮的肉冠，江湖上按照谐音给它取了一个绰号"陈冠蜥"。"陈冠蜥"的脚掌仿佛鸭蹼，能够在水中展开，增加表面积，进而增大浮力。但是这一点点浮力并不能让它像温瑞安笔下的轻功高手白青衣那样站立在水面上，为了不掉入水中，它入水之前就快速奔跑，然后能在水面上行进5米甚至更远的距离。

YouTube上也有人模仿"陈冠蜥"进行类似的实验：几个外国小伙儿在岸上拼命助跑，以最快速度跑到水里去。他们的脚掌"啪啪啪"地蹬在水上，身体继续向前移动，直到在水面上跑出几步以后，才会扑扑通通落入水中。当然，由于人类比"陈冠蜥"重得多，奔跑速度又没有那么快，所以表现出来的效果不太明显，基本上从跑到水中的那一刹那就开始往水里沉，随后掉入水中的部分越来越多，直到整个人都掉下去。

几年前意大利科学家阿尔贝托·米内蒂（Alberto Minetti）、尤里·伊万内科（Yuri Ivanenko）和赫尔马纳·卡珀利尼（Germana Cappellini）等人做过实验和计算，找到了某些动物之所以能在水面上奔跑一段距离的物理原理。

首先是因为惯性定律。大家知道，惯性定律是牛顿第一定律，指的是一切物体总能保持它原有的运动状态，除非有外力去改变它。当你飞奔入水的那一刹那，由于强大的惯性，身体仍会保持继续前行的状态，只是因为人体受到的重力大于水面给人的浮力，才会在很短的时间内落水。我们奔跑的速度越快，让人继续前行的惯性就越大，保持在水面上的时间就越长。

其次是因为牛顿第三定律，也就是前面说过的作用力与反作用力定律。人在跑入水中时，脚蹬水面的力度越大，水面对脚的反作用力就越大，脚的蹬力方向是向下和向后，水的反作用力方向是向上和向前。虽然水的浮力再加上反作用力仍然无法完全抵消重力的影响，但是却可以抵消一部分，最终结果就是人变"轻"了，落水的速度减缓了。

经过反复测算，阿尔贝托·米内蒂（Alberto Minetti）等人认为我们在相当于地球重力五分之一的低重力环境下，可以一直在水面上以3米每秒左右的速度奔跑而不沉底。

欧阳锋身怀轻功，舌尖一抵上牙膛，一口真气往上顶，身体会变轻好几倍，相当于自己给自己创造了一个低重力环境。沼泽的刚度和密度都比水大，浮力自然也比水面大得多，所以欧阳锋能在沼泽上不停地奔跑下去。

《神雕侠侣》第三十四回，杨过闯入神算子瑛姑的黑龙潭，他在脚底下拴了两根树枝，然后在潭面上施展轻功滑行，"但见他东滑西闪，左转右折，实无瞬息之间停留，在潭泥上转了个圈子，回到原地。"郭襄是他的"铁杆粉丝"，见此奇景不禁佩服得五体投地，拍手笑道："好本事、好功夫！"郭襄没有学过物理学，否则她就见怪不怪了。只要她的轻功高超到能为自己创造低重力环境，只要她在泥潭上跑得足够快，那么在树枝受到的浮力、脚掌受到的浮力、潭面对脚掌的反作用力等三种力量以及惯性定律的支持下，她是一样可以做到的。

如果暗器失去惯性

说到惯性定律，我们不妨来看看金庸与温瑞安的不同。

金庸塑造的武侠世界基本上都遵守惯性定律，而温瑞安塑造的武侠世界却能让惯性定律突然失效。您如果不信，请翻开《四大名捕会京师》的第一章。

> 欧玉蝶大喝一声，双手一展，十二种暗器飞射而出。
>
> 这一手"满天花雨"，打得有如天罗地网，无情插翼难飞。
>
> 无情没有飞。
>
> 就在欧玉蝶的十二种暗器将射未射的刹那间，无情的玉笛里打出一点寒光。
>
> 这一点寒光是适才欧玉蝶打出来三道寒光之一，"飕"的钉在欧玉蝶的双眉之间的"印堂穴"。
>
> 欧玉蝶所打出去的十二道暗器，立时失了劲道，纷纷失落。

采花大盗欧玉蝶向无情打出十二种暗器，无情只用一根后发先至的银针，当场取了他的性命。人们打暗器的力道有大有小，故此暗器的速度有快有慢，无情的暗器后发先至并不奇怪，奇怪的是欧玉蝶已经打出的暗器怎么会因为他的生命消失而突然跌落呢？因为惯性定律在这里失效了。

同样还是《四大名捕会京师》第一章，四大名捕的老三追命也见到了惯性定律失效的奇景。

> "嗖嗖"两声，两枚铁球又疾飞而出。
>
> 追命人在半空，忽然踢出两脚。
>
> 难道他想用血肉之躯来挡势不可挡的铁球？
>
> 不是。
>
> 他这两腿及时而准确地把系在球上的铁链踢断，于是球都无力地落了下来。

两个人用拴在链子上的铁球飞击追命，追命用他的一双神腿踢断了铁链，本来正飞向他的那两颗铁球立马改变运动方向，从直飞变成下落，惯性定律又一次失效。

其实惯性定律是永远也不可能失效的。伽利略早就说过，力不是物体运动的原因。笛卡尔也说过，除非物体受到力的作用，否则将永远保持静止或者运动状态。牛顿用他的实验和逻辑验证提出了更为准确的惯性定义：一切物体总会保持匀速直线运动状态或静止状态，除非作用在它上面的力迫使它改变这种状态。

射向无情的十二种暗器已经射出，它们的运动状态只受两种力的影响，一是地球对它们的引力，二是空气对它们的阻力。如果没有这两种力，暗器将一直保持发射时的初始速度，在空中以直线轨道飞行，直到打在无情身上。现在有了这两种力，暗器会以抛物线的轨迹飞行，并且速度越来越小。但是由于它们的初始位置距离无情很近，抛物线的轨迹并不明显，速度的减缓也不会很大，最终仍然会打在无情身上，只不过造成的伤害会略小一些罢了。

同样道理，射向追命的两颗铁球也会受到地心引力和空气阻力的影响，在空中以接近抛物线的轨迹击中追命，并不会因为追命踢断铁链而降低速度，失去杀伤力。惯性的大小取决于物体的质量，惯性力的大小取决于物体质量及其运动速度。铁球的质量比普通暗器大得多，所以追命受到的伤害也将比无情大得多。按照常理，他会被铁球砸碎脑袋，或者击穿胸膛，即使他踢断铁链，依然难逃一死。

温瑞安让惯性定律失效，可能是受了亚里士多德的影响。众所周知，亚里士多德尚未认识到惯性的存在，他相信力是物体运动的原因：力消失了，物体就不动了。假如现实世界真的如此，那么一辆中途熄火的汽车会马上停下，完全不用踩刹车，因为推动汽车行进的动力已经消失；一支刚刚射出的袖箭会马上落地，根本射不到任何人身上，因为推动袖箭飞行的腕力已经消失；足球运动员在球场上将永远无法射门，除非将球黏在自己的脚上，让球和自己一起冲进球门；不管多么恐怖的坏蛋用枪指着你的脑袋，你都不用害怕，因为子弹在射出枪膛的那一刹那，火药的推力消失了，子弹将立即掉落在地。

惯性定律不可能失效，它在任何一个世界里都会发生作用，哪怕我们跑到河外星系，也逃不出惯性的束缚。有时候我们应该感谢它（例如踢足球的时候），有时候我们应该恐惧它（例如急刹车的时候），但无论我们用什么样的态度对待它，它都永远存在。

第二章

武侠世界的力度

万有引力和杨过练剑

上一章我们探讨了武侠世界的速度,这一章开始探讨武侠世界的力度。

"力度"是我们的生活用语,并不是严格的物理学概念。物理学只讲"力",不讲"力度"。

"力"是什么呢?它是一个物体对另一个物体的作用。比方说周芷若打了张无忌一个耳光,我们可以将她的手掌看作一个物体,张无忌的脸是另一个物体,她的手掌对张无忌的脸施加了一个物理作用,这个作用就是力。如果她打得特别狠,那么我们就可以说她的手掌对张无忌的脸施加的力度比较大。如果她只是轻轻抚摸,那么可以说她的手掌对张无忌的脸施加的力度比较小。

物体与物体之间的相互作用共有四种,换言之,世界上总共存在四种基本力。哪四种力呢?第一是万有引力,第二是电磁力,第三是强力,第四是弱力。

任何两种有质量的物体,无论距离有多远,无论质量有多小,彼此之间都会相互吸引,这种吸引力就是万有引力。周芷若不会离开地面自动飞升,张无忌从悬崖上跳落的运动轨迹是一路向下而不是冉冉上升,都是因为地球对她和他的万有引力,也就是我们常说的"重力"。当然,在周芷若和张无忌之间也一样存在万有引力,只是她和他的质量太小,即使两个人全面接触,彼此的引力也不到地球引力的亿万分之一,平常根本感受不到罢了。

　　我们在生活中可以体验的万有引力,除了重力,还有月亮的潮汐力。

　　我们知道,月亮绕着地球公转,其公转轨道并非正圆,它与地球之间的距离时近时远,近的时候 36 万公里,远的时候 41 万公里。根据万有引力公式,两个物体之间的引力等于它们质量的乘积除以距离的平方再乘以万有引力常数,地球和月亮的质量基本不变,万有引力常数是恒定值,地月距离越近,两者引力就越大。经过计算可以得知,地月距离 36 万公里时的引力大约是地月距离 41 万公里时引力的 1.2 倍。正是因为这种引力差的存在,月亮对地球海洋的吸引力时大时小,近月点时海平面上升,远月点时海平面下降,上升下降周期变化,潮汐就产生了。《神雕侠侣》第三十二回,杨过每日两次趁涨潮时跳入海中练剑,用一把木剑来抵御汹涌澎湃的潮汐之力,六年之后功力大进,终于成为一代名侠。

　　太阳与地球的距离也是时近时远,也会产生潮汐力。但是日地距离太远,是月地距离的几百倍,所以太阳潮汐力要比月亮潮汐力小得多。假如没有了月亮,所有武林情侣都将失去花前月下的浪漫,而杨过杨大侠在海潮中练剑的效果也将大打折扣。

　　月亮之所以绕地旋转,是因为地球对它的强大引力。根据牛顿第三定律,相互作用的两个物体之间的作用力和反作用力总是大小相等、方向相反,月亮对地球也存在同样大小的反方向引力。这个反方向引力对地球产生了一定程度的拖拽效应,使地球的自转和公转相对稳定。如果月亮突然消失,地球的自转会加快,每天的时间会变短,绕日旋转的公转轨道也将产生变化,在地球上生活的我们会感到剧烈摇晃,只有那些马步非常稳的高手才有可能稳稳当当地站在大地上。

电磁力和弹指神通

宇宙第一基本力是万有引力，第二基本力是电磁力。

万有引力是物体质量引起的相互作用，如果从广义相对论的角度来理解万有引力的成因，那就是物体质量造成了空间弯曲，空间弯曲改变了运动趋势，相互靠近的运动趋势形成了引力。

电磁力则是发生在电荷之间和磁体之间的相互作用，是在带有电荷的粒子之间产生的力。譬如说盗帅楚留香用内力点了一个小毛贼的穴道，让小毛贼的全身或者某个关节产生麻酥酥的仿佛过电的感觉，使其暂时无法运动，这种内力就属于电磁力。再譬如说《书剑恩仇录》中陈家洛与霍青桐闯进一座磁山的山洞，突然被一股强大的磁力将剑吸走，霍青桐百宝囊中的暗器铁莲子也自动飞出，牢牢吸在地上，这种磁力当然也属于电磁力。

我们通常说的弹力、拉力、推力、压力、浮力、摩擦力，同样属于电磁力。为什么能将这些表面上看起来跟电和磁完全无关的力看成电磁力呢？我们举一个例子就知道了。

《射雕英雄传》第二十六回浓墨重彩地描写了黄药师的弹指神通。

　　黄蓉笑道："这铁手掌倒好玩，我要了他的，骗人的家伙却用不着。"举起那三截铁剑叫道："接着！"扬手欲掷，但见与裘千仞相距甚远，自己手劲不够，定然掷不到，交给父亲，笑道："爹，你扔给他！"

黄药师起了疑心，正要再试试裘千仞到底是否有真功夫，举起左掌，将那铁剑平放掌上，剑尖向外，右手中指往剑柄上弹去，"铮"的一声轻响，铁剑激射而出，比强弓所发的硬弩还要劲急。黄蓉与郭靖拍手叫好，欧阳锋暗暗心惊："好厉害的弹指神通功夫！"

从宏观角度观察，黄药师屈起中指，中指的指端抵在铁剑的剑柄上，然后迅速弹出，中指的弹力变成推力，驱动铁剑向前射出。而从微观角度分析，黄药师的中指是由一个个分子组成的有机体，分子又由原子组成，原子中存在着大量的离子和弥散的电子，这些量子级别的粒子当中存在着相互吸引和相互排斥的电磁力。当黄药师屈起中指的时候，微粒间的距离被压缩，打破了电磁力的均衡，使斥力大于引力，进而在宏观上表现出对抗外界压力、恢复原有形状的趋势，这就是我们通常所说的弹力。

有机体可以产生弹力，无机体也可以产生弹力。《射雕英雄传》中哲别用强弓射出利箭，归根结底是因为弓弦被拉紧时打破了电磁力的均衡，所以说弓弦的弹力也属于电磁力。

我们在初中物理课上学过摩擦力，摩擦力包括静摩擦力和动摩擦力，它们同样属于电磁力。

一个剑客握住剑柄，剑不会掉下去，在手掌与剑柄之间存在着摩擦力，从微观角度看，是因为构成手掌的微粒与构成剑柄的微粒相互接触，当平行于接触面的方向上有重力引发的剪切力时，这些相互接触的区域就会发生错位，使手掌与剑柄的重叠面积减小，就像把负电荷从正电荷周围移走，因此产生反向的应力，也就是我们在宏观角度所说的静摩擦力。

剑客从剑鞘中拔出长剑，剑与剑鞘之间会产生动摩擦力。从微观角度观察，剑的外部表层和剑鞘的内部表层都不是绝对光滑的，都有数不清的像锯齿一样的小凸起，由于拔剑时剑和剑鞘在相对运动，两种物体接触面上的小凸起会产生形变，这种形变也将打破电磁力的均衡状态，使库仑斥力大于静电引力，形成宏观上的动摩擦力。

前文说过，宇宙四种基本力，第一万有引力，第二电磁力，第三强力，第四弱力。我们分析电磁力的成因，要从微观角度来分析，而在分析强力和弱力时，更加离不开微观角度。

强力是让原子核紧密保持在一起的强相互作用力。我们知道，原子由原子核和围绕原子核运动的电子组成，原子核又由若干带正电的质子和不带电的中子组成。电荷同性相斥，异性相吸，质子都带正电，自然相互排斥，理论上应该弥散开来，无法聚集在原子核内部，进而也就无法形成原子核。如果没有原子核，那就没有原子，进而也就不会形成我们今天的这个大千世界。所以物理学家认为，质子之间除了存在同性相斥的斥力之外，还一定有一种让它们相互吸引的作用力，这种作用力就叫做强力。

强力与万有引力有某种相似的性质——它的大小与质子的质量成正比，与质子之间距离的平方成反比。但与万有引力不同的是，它只有在质子间距特别近的时候才能起作用，作用距离只有 10^{-15} 米，跟一个原子核的直径差不多。一旦超过这个极其微小的间距，强力几乎就不存在了。

　　弱力是在某些能够自发放出射线的原子核之中产生的力，它的作用范围也很小，跟强力的作用距离相同，但是强度只有强力的 10^{-6} 倍。

　　强力和弱力都很重要，但是作为基本粒子间的短程作用力，它们在日常生活中无法被我们感知，在我们宏观的武侠世界中也无法分析。所以本章将重点探讨电磁力在武侠世界中的作用，并附带说说万有引力在轻功中的意义。

泥鳅功与童子拜佛

先看电磁力大家族中的摩擦力。

《射雕英雄传》第二十九回，郭靖与神算子瑛姑第一次动手。

郭靖掌到劲发，眼见要将她推得撞向墙上。这草屋的土墙哪里经受得起这股大力，若不是墙坍屋倒，就是她身子破墙而出。但说也奇怪，手掌刚与她肩头相触，只觉她肩上却似涂了一层厚厚的油脂，溜滑异常，连掌带劲，都滑到了一边。

郭靖降龙十八掌打到瑛姑肩膀上，本应将瑛姑打成重伤。但是瑛姑使出自创的独门绝技"泥鳅功"，减小了郭靖手掌与自己肩膀的摩擦力。

当郭靖的手掌从瑛姑的肩膀上滑过时，手掌与肩膀之间产生了一个滑动摩擦力。滑动摩擦力如果很大，郭靖的掌力至少有一大半将作用在瑛姑身上。滑动摩擦力如果很小，刚猛的掌力就会被卸去一大半。好比滑雪运动员从高处跳到一个斜坡上，如果斜坡的坡度很大，坡面很光滑，大部分重力会分解成向下的滑力，滑雪运动员可以毫发无伤地高速下滑；如果斜坡的坡度很小，坡面很粗糙，只有一小部分重力被分解，滑雪运动员差不多以自由落体的速度直接摔在坡面上，坡面将对他产生一个极大的反作用力，造成骨断筋折的悲惨后果。

　　滑动摩擦力取决于动摩擦因数与压力的乘积，动摩擦因数则取决于接触面的光滑度。接触面越光滑，动摩擦因数就越小，滑动摩擦力也会越小。在郭靖击打瑛姑肩膀的过程中，郭靖的掌力是固定的，他对瑛姑肩膀施加的压力是一个常数。这时候，他的手掌与瑛姑肩膀之间的摩擦力完全取决于接触面的光滑度。

　　为了化解郭靖的掌力，瑛姑需要减小手掌与肩膀的滑动摩擦力。而为了减小摩擦力，瑛姑施展出泥鳅功，将肩膀变得光滑异常。

　　通过降低动摩擦因数来减小摩擦力的现象在武侠世界中是很普遍的。使刀动剑的人都会通过打磨和擦拭，让刀剑的锋刃尽可能光滑一些，否则很难砍进敌人的身体。发射无羽箭和飞蝗石的暗器名家绝对不会偏爱七歪八扭的箭杆和千疮百孔的石子，因为那样会增加暗器与空气间的摩擦力，使暗器无法飞远。

　　在另一些情况下，增大摩擦力也非常重要。轻功高手施展"壁虎游墙功"，沿着光溜溜的城墙往上爬的时候，要么戴上粗糙异常的手套，增大手掌与墙壁的动摩擦因数；要么使用内功紧贴墙壁，增加身体对墙壁的压力。蜘蛛侠之所以能徒手爬楼，是因为他的手掌发生变异，长出了带有倒刺的细小凸起，动摩擦因数变大了。《倚天屠龙记》中张无忌之所以能爬上光滑的铁墙，是因为九阳神功增加了他对铁墙的压力。

　　武侠小说中有一招很常见的空手入白刃功夫叫"童子拜佛"，又名"童子拜观音"，双掌一合，可以牢牢夹住敌人的刀剑。这招功夫除了需要惊人的眼力和非常快捷的反应速度，也需要很强的掌力，否则摩擦力太小，夹不住刀剑，难免血溅当场。

《神雕侠侣》中的小龙女刚出山时，怀里有一双白手套，用极细极韧的白金丝织成，在与全真七子中的郝大通动手时派过用场。

再拆数招，只听"铮"的一响，金球与剑锋相撞，郝大通内力深厚，将金球反激起来，弹向小龙女面门，当即乘势追击，众道欢呼声中剑刃随着绸带递进，指向小龙女手腕，满以为她非撒手放下绸带不可，否则手腕必致中剑。哪知小龙女右手疾翻，已将剑刃抓住，"喀"的一响，长剑从中断为两截。

小龙女的手掌柔嫩光滑，动摩擦因数自然很小。同时她在掌力上并不擅长，对长剑构不成很大的压力。但她戴上那双金丝手套以后，既刀枪不入，又增加了动摩擦因数，好比打游戏时加了"外挂"，故此能以迅雷不及掩耳的速度抓住郝大通的宝剑。

重力、浮力、欧阳锋的轻功

《射雕英雄传》第三十七回，黄蓉设计将欧阳锋骗上一座雪山，随即撤掉上山时搭设的羊梯。那座雪山高耸入云，极陡极滑，再高明的壁虎游墙功也无济于事，欧阳锋被困在峰顶下不来了。

到了第四天，天空又飘下鹅毛大雪，黄蓉与郭靖都以为欧阳锋必定会冻饿而死，哪知道欧阳锋突然从峰顶跳了下来。

　　只见他并非笔直下坠，身子在空中飘飘荡荡，就似风筝一般。靖、蓉二人惊诧万分，心想从这千丈高峰落下，不跌到粉身碎骨才怪，可是他下降之势怎的如此缓慢，难道老毒物当真还会妖法不成？片刻之间，欧阳锋又落下一程，二人这才看清，只见他全身赤裸，头顶缚着两个大圆球一般之物。黄蓉心念一转，已明其理，连叫："可惜！"

　　千丈高的雪山，距地面足有3000米（1丈等于3米），如果欧阳锋在重力吸引下做自由落体运动，落地速度必然很大。有多大呢？算一算就知道了。

　　根据自由落体运动公式，物体落地时的末速度等于重力加速度与下落时间的乘积，而下落时间则等于两倍的下落距离除以重力加速度然后再开平方。重力加速度取9.8米每秒平方，下落距离是3000米，求出下落时间为24.7秒，进而求出落地末速度为242米每秒。这个速度基本接近奥运会上10米气步枪射出的子弹，比用诸葛连弩发射出的铁箭都要快。如果欧阳锋照此速度落地，他一定会将冻得铁硬的地面砸出一个深达数米的大洞，他的身体也一定会摔得四分五裂，遍地都是，只能用洛阳铲和吸尘器来收尸。

　　不过地球上任何一种物体的下落都不会是纯粹的自由落体，因为地球上有空气，而空气有阻力。当物体的下落速度越来越快时，空气对它的阻力也会越来越大，只要下落的距离足够长，最终阻力总会与重力持平，将自由落体的加速运动变成一种匀速运动。换句话说，物体从高空下落时的速度并不会无限增加，总会有一个极限，一旦达到这个极限，速度就恒定了。

有些读者朋友玩过高空跳伞，穿着防护设备从五六千米的高空跃下，刚开始并不需要打开降落伞。下落速度越来越快，越来越快，但由于空气阻力在不断抵消地心引力，下落的加速度会越来越小。大约经过二十秒左右的时间，加速度归零，人体在匀速下落，假如不是特别紧张的话，将会感受到来自空气的浮力自下而上托着你，有一种脚踩祥云白日飞升的翱翔感。

空气的浮力也属于电磁力。根据流体力学中的空气阻力计算公式，欧阳锋跳下后受到的浮力等于空气密度、风阻系数、迎风面积、下落速度的平方等四个物理量的乘积再除以二。再根据高空跳伞的经验数据，没有打开降落伞时的风阻系数取 0.83，空气密度取 1.10 千克每立方米，迎风面积取 0.3 平方米，下落速度取 80 米每秒，此时欧阳锋受到的浮力约为 880 牛顿，基本上可以抵消地球对他的引力，使他可以按照 80 米每秒左右的速度匀速下落，而不会继续加速。

80 米每秒也是一个惊人的速度，欧阳锋落地还是会摔成肉馅儿。怎样做才能逃过这一劫呢？欧阳锋的聪明才智派上了用场：他在雪山上脱得一丝不挂，用上衣和裤子做了一个简易的降落伞，增大了风阻系数和迎风面积，进而增大了空气浮力。

欧阳锋的简易降落伞当然无法跟专业降落伞相比，其迎风面积最大不超过 1 平方米，风阻系数最大不超过 1.2（专业降落伞的风阻系数可以达到 2.5 以上），空气浮力大约是自由下落时的 5 倍，最后将以 16 米每秒的速度砸向地面，相当于被一列提速以后的超级动车迎头撞击，依然难逃一死。

那么欧阳锋摔死没有呢？当然没有。

只见他在半空腰间一挺，扑向城头的一面大旗。此时西北风正厉，将那大旗自西至东张得笔挺。欧阳锋左手前探，已抓住了旗角，就这么稍一借力，那大旗已中裂为二。欧阳锋一个筋斗，双脚勾住旗杆，直滑下来，消失在城墙之后。

欧阳锋之所以没死，一是在落地前借助了大旗的弹力，来了一个小小的缓冲，二是因为他身处武侠世界，用绝顶轻功创造出一个低重力环境。减小了的重力加速度，再加上简易降落伞带来的浮力，使他得以低速着陆。

人造重力和离心力

我们屡次提到欧阳锋创造低重力环境，实际上，重力只能改变，不能凭空创造。

重力属于万有引力，万有引力与质量的乘积成正比，与距离的平方成反比。所以呢，为了减轻一个物体所受的重力，你要么减轻它的质量，要么抬升它的高度。

假设欧阳锋努力减肥，从 70 公斤减到 60 公斤，他在地面上受到的重力会从 686 牛顿减到 588 牛顿（这里取重力常数为 9.8），减轻了 14%。

再假设欧阳锋乘坐火箭飞升到 10 万米高空，增加了与地球之间的距离，那里的重力肯定比在地面上小。究竟能小多少呢？用地球半径（地表到地心的平均距离，一般取 637 万米）的平方除以地球半径与火箭高度之和的平方，得数是 0.97，说明欧阳锋在 10 万米高空受到的重力是地面重力的 97%。

辛辛苦苦飞到 10 万米那么高，重力只减轻 3%，还不如减掉几公斤赘肉的效果好，可见减肥对一个修炼轻功的人来说有多么重要。《碧血剑》中有一位坐地分赃的大盗褚红柳，"他身材肥胖，素不习练轻功，自来以稳补快，以狠代巧"。你看，胖子练轻功不占优势。

　　轻功追求的是重力变小，绕地飞行的宇航员却需要将重力变大。

　　在一艘绕地飞行的宇宙飞船中，离心力抵消了地球引力，宇航员与所有物体都处于完全失重的状态，行走坐卧非常不便，时间长了还会出现太空病，例如骨钙流失、骨骼变脆、肌肉萎缩、心脏功能衰退……

　　怎样才能让重力回来呢？我们可以在飞船内部构造一个圆筒状的空间，让它沿着固定轴线匀速转动，只要转动的速度刚刚合适，贴在圈桶内壁的宇航员就可以感受到一种与重力差不多大的离心力。这种力并非重力，但是给人带来的感觉却跟重力完全等同，可以称作"人造重力"。

　　如果将宇宙飞船当做一个滚筒洗衣机，将宇航员当做洗衣机里的衣服，在洗衣机里注满清水，衣服会漂浮起来，类似于宇航员进入了失重状态。现在接通电源，转动滚筒，由于离心力的作用，衣服会自动贴到滚筒的内壁上，类似于飞船内部圆筒空间的转动让宇航员感受到了重力。

　　我们还可以做一个有趣但是比较耗时间的小实验：去淘宝上买一个电力驱动的木轮水车模型，在叶轮边缘糊上一层泥土，在泥土里撒上花草的种子，然后让水车慢速转动起来，每天定期洒水。大约经过一周左右的时间，花草发芽了，渐渐的你会发现，花草的茎叶都朝向水车转轮的轴心生长，而根部则朝向转轮的边缘生长，呈现出一种头尾颠倒的放射状。为什么会出现如此奇特的现象呢？原来花草在旋转中感受到了离心力，并错误地认为那就是重力，于是就顺着离心力的方向生根，背着离心力的方向发芽。

　　无论是人造重力空间中的宇航员，还是洗衣机里的衣服和水车上的花草，都会将离心力当成重力，这说明两种力在效果上是等价的。

　　离心力不属于万有引力，也不属于电磁力，更不属于原子核内部的强力和弱力，它是变速运动中产生的一种惯性力。你站在一辆静止或者匀速行驶的公交车上，无论公交车突然启动还是突然刹车，你都会站不稳，感觉好像有人突然对你施加了一个与公交车运动方向相反的推力。再比如说这辆公交车的快慢没有变化，只是向左或者向右拐了一个急弯，你仍然会感觉到与公交车拐弯方向相反的推力。并没有人施加推力，仅仅是因为惯性定律产生了一种类似于推力的运动效果。该运动效果在物理学上属于效果力的范畴，俗称为"惯性力"。

一切变速运动都会产生惯性力。即使是匀速的转动，转速没有变，转动方向却在一直沿着切线方向不断变化，所以匀速转动归根结底也是一种变速运动。在一个匀速转动的系统中，物体感受到的离心力取决于转动速度、转动半径和物体质量，并等于物体质量、转动半径、转动角速度（单位时间内转过的弧度）的平方等三个物理量的乘积。

地球的自转基本上可以看作是以南北两极为转轴的匀速转动。地球表面每个地方的转动角速度都是相同的，但是转动半径并不相同，两极的转动半径最小，赤道的转动半径最大。将赤道半径代入离心力公式，可以算出一个人在赤道上的重力比在其他任何地方都要小，大约比他在两极的重力减少 0.5%。从这个角度看，赤道应该是修炼轻功的最佳场所。《神雕侠侣》中那只不会飞的巨雕一直推着北半球的杨过往南走，大概也是为了让杨过尽可能靠近赤道吧？

转大树的危险性

单田芳的评书《雍正剑侠图》中有一位童林童海川，他练习轻功的方式非常奇怪。

在二仙观门前，是一片空地，地上长着两棵大树。这两棵树长得高大挺拔，每棵都有一搂多粗，树与树之间的距离有一丈五尺远。童林来到树底下停身站住，就听两位道爷说：“童林哪，从明天开始，你就转这两棵树。转什么形的，这还有姿势，这姿势可不能搞错。”说话间，这红脸的道爷往下一哈腰，左手在前，手指尖跟鼻子尖齐，右手护住前心，骑马蹲裆式往下一蹲，上身不动，两腿动，“啪啪啪”围着这树就转开了。转得这形呢，就像阿拉伯数字那“8”字似的。老道转完了，就对童林说：“转多少日子，你别问。多会儿不让你转，你就拉倒。”“哎！”童林这点真好，你让他干什么他就干什么，从不多问。从这会儿开始，童林整天就转这树。

两个老道让童林天天这样转大树，夜以继日苦练，其实是在教他一门轻功。这门轻功有什么用呢？《雍正剑侠图》第六回描写了它的威力。

童林围着雷春这么一转，雷春就傻眼了。他一瞅，前边也是老赶，后边也是老赶，左边也是老赶，右边也是老赶。他也不知道哪个是真老赶，哪个是假老赶了。雷春心里想："这小子的本领可真够高啊！我连他的边儿都沾不上，怪不得我那么多徒弟都让他给打了个屁滚尿流。"

童林绕着敌人转起圈来，速度极快，"嗖嗖"一圈，"嗖嗖"一圈，让对手觉得四面八方全是他的身影。

我们姑且将童林绕着敌人转圈看作是一种匀速圆周运动，敌人站在圆心，童林是圆周轨道上的一个质点。该质点不停地运动，同时不停地在敌人眼里成像：童林1，童林2，童林3，童林4……

如果质点的速度不够快，当童林2出现的时候，童林1已经消失；当童林3出现的时候，童林2已经消失。敌人站在圆心，看到的总是一个童林，不可能看到前后左右都是童林的幻象。

如果质点的速度足够快，当童林2出现的时候，童林1仍然停留在对手的视觉印象里；当童林3出现的时候，童林2仍然停留在对手的视觉印象里。大家知道，这种现象叫作"视觉暂留"。

就人类的眼睛而言，视觉暂留的最长时间是0.1秒。也就是说，童林要想在对手眼里构成连续的图像，他每秒钟至少要转10圈以上。

每秒钟转10圈，转过的弧度是20π，角速度是20π每秒。设童林的质量为80公斤，转动半径为1米（半径太长等于做无用功，半径太短会被敌人绊倒）。有了质量、半径和角速度，我们可以求出他施展"转大树"轻功时受到的离心力：80公斤乘以1米再乘以20π的平方，求得离心力为 315 827 牛顿。

315 827 牛顿是多大的力呢？相当于一块 32 吨重的铁板压在身上，这说明童林承受的离心力相当巨大，正常人类无法克服如此大的力量。如果硬要克服的话，譬如说制造出一个半径 1 米、角速度 20 π 的高速转盘，将童林固定在转盘的边缘上，就在第一圈还没转完的时候，他已经被甩成肉饼了。

离心力很可怕，我们开车的时候特别要当心它，千万不要在车速很高的时候拐急弯。因为快速转急弯相当于强迫车身在短时间内转过一个比较大的弧度，转动角速度急剧增加，车身所受的离心力跟着变大，会导致侧滑甚至侧翻。

灭绝师太为何打不死张无忌?

　　一辆车转弯时，受到的不止是离心力，还有来自发动机的驱动力、来自地球的重力、来自大地的支持力、来自路面的摩擦力、来自空气的阻力。这些力的性质、方向、大小各不相同，但是都作用在车身之上，彼此纠缠，就像一团乱麻拧成了一股绳。

　　我们将这团乱麻理顺，可以看清各种力之间的作用关系。例如重力让车轮对地面产生了压力，它与地面对车轮的支持力大小相等，方向相反，组成一对作用力与反作用力；驱动力对车轮产生了推力，它克服了路面对车轮的摩擦力和空气对车身的阻力，否则汽车无法前行；驱使车轮转弯的动力同样也来自发动机，无论转弯的速度是快是慢，该动力都会自动分解成一个向前的推力和一个向外的离心力，而那个向外的离心力又与车轮受到的横向摩擦力相抵消，使车身不至于发生侧滑和侧翻。

　　车是这样，别的物体也是这样，世界上每个物体在每个时刻受到的力都是多种多样的。为了搞清楚某一个物体的受力变化，我们经常需要将多个力合成为一个力，或者将一个力分解成多个力。在经典力学中，这种分析被称为"力的合成与分解"。

　　现在让我们进入武侠世界，看看那些将多个力合成一个力的案例。

　　《天龙八部》第六回，大理段家的护卫朱丹臣独斗四大恶人的老三云中鹤，"他曾听褚万里和古笃诚说过，那晚与一个形如竹篙的人相遇，两人合力，才勉强取胜"。

《天龙八部》第九回："这大石虽有数千斤之重，但在钟万仇、南海鳄神、叶二娘、云中鹤四人合力推击之下，登时便滚在一旁。"

《碧血剑》第九回，华山派弟子刘培生与小师叔袁承志比武，本来要用单掌去抵挡袁承志的一招"石破天惊"。哪知袁承志拳力太猛，刘培生赶忙换成双手，使了一招"铁门横门"，运劲推了出去。

《天龙八部》第三十二回："鸠摩智、慕容复、段延庆等心中均想，倘若我们几人这时联手而上，向丁春秋围攻，星宿老怪虽然厉害，也抵不住几位高手的合力。"

《射雕英雄传》第三回："十多个和尚合力用粗索吊起大钟。"

《倚天屠龙记》第二十六回："张三丰武功虽高，但百龄老人，精力已衰，未必能抵挡少林三大神僧的联手合力。"

古龙《剑毒梅香》第十三回："这一掌无恨生施出了真功夫，登时把其他两个海盗吓得怔了一怔，无恨生'呼呼'又是一掌推出，两人连忙合力拼命一挡，'咔嚓'一声，两人手骨登时折断，痛得昏死过去。"

温瑞安《朝天一棍》："方应看一呆，好像这才发觉似的，眼尾怔怔望着那四名小太监合力才捧得起的丈余长棍。"

温瑞安《女神捕》："两掌刚要触及，岳起只见幽光中天心吊着怪眼狠狞地笑，又觉左右掌心同时一疼，猛想起楚山死后手掌洞穿，待收掌已然不及，当下硬着头皮，双掌合力击出！"

上述案例中，有的是合多人之力为一个力，有的是合双掌之力为一个力，不管怎么合，都是将多个较小的力合成一个较大的力，以此来移动物体或者打倒敌人。江湖上有句老话："双拳难敌四手，好汉架不住人多。"意思就是合力会大于单个的力。

但是合力并不等于几个力简单相加，有时候合成的力反倒会小于单个的力。《倚天屠龙记》描写过这样的物理现象。

> 灭绝师太的性子最是执拗不过，虽然眼见情势恶劣，竟是丝毫不为所动，对张无忌道："小子，你只好怨自己命苦。"突然间全身骨骼中发出"劈劈啪啪"的轻微爆裂之声，炒豆般的响声未绝，右掌已向张无忌胸口击去。
>
> 张无忌见她手掌击出，骨骼先响，也知这一掌非同小可，自己生死存亡，便决于这顷刻之间，哪敢有些微怠忽？在这一瞬之间，只是记着"他自狠来他自恶，我只一口真气足"这两句经文，绝不想去如何出招抵御，但把一股真气汇聚胸腹。
>
> 猛听得砰然一声大响，灭绝师太已打中在他胸口。
>
> 旁观众人齐声惊呼，只道张无忌定然全身骨骼粉碎，说不定竟被这排山倒海般的一击将身子打成了两截。哪知一掌过去，张无忌脸露讶色，竟好端端地站着，灭绝师太却是脸如死灰，手掌微微发抖。

灭绝师太以峨眉九阳功为根基，使出全力在张无忌的前胸打了一掌。张无忌不闪不避，仅以九阳神功护体，将一股真气汇聚胸口，硬接了灭绝师太的掌力。然后呢？他完好无损，毫发无伤。

我们可以把张无忌的胸口当成一个受力点，灭绝的掌力施加在这个点上。与此同时，张无忌自己的真气也施加在了这个点上。灭绝的掌力与护体真气方向相反，大小相等，一正一负，受力点的合外力为零，故此张无忌安然无恙。

不过我们千万要注意，合力为零并不能保证绝大多数受力者的人身安全。且看《天龙八部》第十九回乔峰大战聚贤庄的场景。

乔峰酣斗之际，酒意上涌，怒气渐渐勃发，听得赵钱孙破口辱骂，不禁怒火不可抑制，喝道：“狗杂种第一个拿你来开杀戒！”运功于臂，一招劈空掌向他直击过去。

玄难和玄寂齐呼：“不好！”两人各出右掌，要同时接了乔峰这一掌，相救赵钱孙的性命。

蓦地里半空中人影一闪，一个人“啊”的一声长声惨呼，前心受了玄难、玄寂二人的掌力，后背被乔峰的劈空掌击中，三股凌厉之极的力道前后夹击，登时打得他肋骨寸断，脏腑碎裂，口中鲜血狂喷，犹如一摊软泥般委顿在地。

乔峰劈空掌的掌力比较强，玄难与玄寂的掌力比较弱，二人合力出掌抵御，基本上可以抵消乔峰的掌力。这时候半空中落下快刀祁六，刚好落在三人掌力的聚集点。如果祁六不是人，而是物理学上素称“刚体”的理想模型，无论受力有多强，其形状和大小都不会变化，内部各点的相对位置也不会变化，只是会在合外力的作用下改变运动状态，他绝对不会受伤。另外又由于乔峰掌力与少林二僧的掌力互相抵消，他受到的合外力等于零，则他不但不受伤，而且还能稳稳当当站在原地。

可惜的是，快刀祁六并非刚体，三股掌力一起作用在他的身体表面，瞬间就让他的形状发生了改变，虽然整个身体没有移动，但是五脏六腑统统挪移，最终成为合外力的牺牲品。

张无忌当然也不是刚体，但他有九阳神功护体，基本上接近于刚体，只要合外力为零，他就能完好无损地坐在原地。

力的分解与人肉风筝

说完了力的合成，咱们再来探讨一下力的分解。

《天龙八部》第二十八回，聚贤庄的少庄主游坦之被阿紫擒住，用一根绳索拴在马后，放起了人肉风筝。

原文写道。

那契丹兵连声呼啸，拖着游坦之在院子中转了三个圈子，催马越驰越快，旁观的数十名官兵大声吆喝助威。游坦之心道："原来他要将我在地下拖死！"额角、四肢、身体和地下的青石相撞，没一处地方不痛。

众契丹兵哄笑声中，夹着一声清脆的女子笑声。游坦之昏昏沉沉之中，隐隐听得那女子笑道："哈哈，这人鸢子只怕放不起来！"游坦之心道："什么是人鸢子？"

便在此时，只觉后颈中一紧，身子腾空而起，登即明白，这契丹兵纵马疾驰，竟将他拉得飞了起来，当做纸鸢般玩耍。

他全身凌空，后颈痛得失去了知觉，口鼻被风灌满，难以呼吸，但听那女子拍手笑道："好极，好极，果真放起了人鸢子！"游坦之向声音来处瞧去，只见拍手欢笑的正是那个身穿紫衣的美貌少女。

他乍见之下，胸口剧震，也不知是喜是悲，身子在空中飘飘荡荡，实在也无法思想。

如果将一只真正的风筝拖在马后，马向前奔跑，风筝跟着向前运动，空气对风筝的阻力越来越大，会有一部分阻力分解到风筝的底部，形成一个向上的浮力，当然能让风筝升空。可那游坦之是个大活人，比风筝重得多得多，怎么能飞得起来呢？

不妨对游坦之做一个受力分析。

当他被马拖着在地上滑行时，会受到五个力的影响：一是重力，二是地面的支持力，三是地面的摩擦力，四是绳索的牵引力，五是空气的阻力。

他躺在地上，马比他高，绳索被绷成一条与地面斜交的直线，所以受到的牵引力也是斜着向上的。这个方向倾斜的牵引力又可以分解成两个力：一个是水平向前拽的力，等于牵引力与绳索倾角余弦值（$\cos \theta$）的乘积；另一个是垂直向上提的力，等于牵引力与绳索倾角正弦值（$\sin \theta$）的乘积。假定绳索与地面的夹角为30度，则水平向前拽的力是牵引力的0.87倍，垂直向上提的力是牵引力的0.5倍。再假定马的牵引力为800牛顿（马的力量实际上超过这个数值），则水平向前拽的力为700牛顿，垂直向上拽的力为400牛顿。

游坦之身材瘦小，体重应该有50公斤，受到的重力应该是490牛顿。如果绳索一直保持在紧绷状态，如果马的牵引力一直保持在800牛顿，那么垂直向上拽的分力也将一直保持在400牛顿，该力基本上已经抵消了一大半重力。但游坦之是在地面上磕磕绊绊地滑动，地面对他的摩擦力时大时小，马与他之间的绳索时松时紧，牵引力产生的分力时有时无，所以他有时全身在地面上摩擦，有时半个身子脱离地面，除非他自己施展轻功，否则无法进入"全身腾空而起"的飞行状态。

现在让马提速，以10米每秒的速度飞驰。此时绳索一直紧绷，游坦之跟着绳索以30度角倾斜向上滑行，大约会受到200牛顿的空气阻力。该阻力会在他的身体下方分解出一个100牛顿的浮力。100牛顿的空气浮力，400牛顿的牵引分力，两者相加是500牛顿，完全抵消了490牛顿的重力。好了，游坦之全身离开地面，人肉风筝终于升空。

陈凯歌执导的奇幻电影《无极》中也有放人肉风筝的桥段：张东健用一根长长的绳子拉着张柏芝飞奔，他在地上跑，张柏芝在天上飞，场景相当浪漫。

如果张东健跑得足够快，如果张柏芝的飞行高度比他矮，这个场景还是比较符合物理定律的。但是陈凯歌老师过度追求画面的美感，将张柏芝吊威亚吊得太高，竟然让她在张东健的头顶飞，而且飞行姿势与地面平行，没有一个斜向上的倾角。

张柏芝在高处，张东健在低处，起牵引作用的绳子向下倾斜，牵引力只能在张柏芝身上形成一个竖直向下的分力。张柏芝的身躯与地面平行，没有斜向上的倾角，空气阻力无法对她产生向上的浮力。通过受力分析可以得知，无论张东健跑得有多快，张柏芝都不会飞起来，只会在重力与牵引分力的共同作用下急速坠地，摔一个香消玉殒。

当然，如果张东健的奔跑速度能达到惊人的第一宇宙速度（7.9公里每秒），并且不会因为剧烈的空气摩擦而燃烧起来，那么张柏芝还是可以飞起来的。不，不是张柏芝一人飞起来，而是他们两个一起飞起来，飞到地球上空做公转运动，从此成为两颗真正的"人造"卫星。

第三章

武侠世界的功和能

内力不是力

在武侠世界，不合常理的事特别多。

一个虎背熊腰的汉子挑战一个弱不禁风的丫头片子，丫头片子旋风一般转到身后，用手指在他身上某个部位轻轻一戳，他就像雕像一样无法动弹了。

一个光头大和尚，慢慢吞吞把一双手放到水盆里，他的手上没有通电，水盆下面也没有插头，但是很快你就会发现，那盆里的水开始咕嘟咕嘟冒泡。再过一会儿，水竟然开了！

一个没有腿的青年，出门坐轿，或者坐轮椅，上坡时要靠四个小孩抬着，但是到了关键时刻，他会飞：手一拍大地，全身腾空而起，如鼹鼠滑翔，如蜂鸟展翅，飞出几十丈远，再悄然落在一根颤颤悠悠的树枝上，向敌人发出一击必杀的暗器。

一个书法功底深厚的青年侠客，左手虎头钩，右手判官笔，擅长点穴和锁拿敌人兵器，本身并不以臂力见长。但是，两个大力士搬起两块几百斤重的巨石向他砸去，他竟然能接住。不但能接住，还能让巨石改变运动方向，从自由落体变成垂直起飞。然后他纵身而起，坐到飞起的石头上，再与石头一起自由落地。

一个在由职业乞丐和大批流浪汉组成的严密组织中担任首领的"车

轴汉子"，性格宽厚，掌力惊人，于千军万马中取上将头颅，犹如探囊取物。他最神奇的一门武功叫做"擒龙功"，这门功夫不需要与物体接触，只要一招手，地上的刀剑就会自动跳到他的手里……

以上种种奇幻现象是因何产生的？是魔法，还是特异功能？其实都不是。弱者之所以能制服强者，手掌之所以能产生高温，无腿之所以能飞上树梢，文弱书生之所以能接住巨石，"车轴汉子"之所以能隔空取物，都是因为他们拥有内力。

内力是一种神奇的力量，是武侠世界中所有神功的基础。一个人首先必须练出内力，然后才能练成点穴、轻功、大手印、火焰掌、擒龙功、倚天屠龙功……就像《射雕英雄传》中江南七怪教郭靖练武，怎么教都教不好，全真教掌教马钰马道长说他们"教而不明其法，学而不得其道"，指的就是江南七怪没有教给郭靖内力。后来经过马钰的亲手指导，郭靖练了半年，内力初有小成，"本来劲力使不到的地方，现下一伸手就自然而然地用上了巧劲；原来拼了命也来不及做的招数，忽然做得又快又准"。你看，内力就是这么神奇。

物理学家给内力下过一个定义：我们做物理分析时，将一个系统内部的力叫做内力，将外部施加给这个系统的力叫做外力。

比如说小明和小强打架，如果将这两个人当做一个系统来分析，则无论是小明拍向小强的掌力，还是小强踢向小明的蹬力，抑或是小明一口咬住小强耳朵的咬合力，统统都属于这个系统的内力。至于两人所承受的重力、地面对他们的支持力、空气对他们的阻力，以及第三方插手相助时所施加的力，则都属于外力。

如果将小明单独当做一个系统，他所承受的每一拳、每一脚都是外力，只有他发招时发力关节对其他关节施加的拉力、推力、弹力、压力才是内力。

如果继续缩小系统边界，将小明的手臂当作一个独立的系统，此时他的躯干对手臂的驱动力已经成为外力，只有上臂对前臂的驱动力、前臂对手掌的驱动力、手掌对手指的驱动力才是内力。

所以物理意义上的内力并不等于武侠世界的内力，我们绝对不能用内力的物理概念来理解它的武学意义。

那么应该怎样给武学意义上的内力下一个定义呢？

二十世纪八九十年代，这片神奇的国土正闹"气功热"，许多武林异人如雨后春笋般横空出世，他们往往吹嘘自己出身于中医世家或者武林世家，从几岁起就开始学习我们博大精深的传统文化，或经高手指导，或经刻苦悟道，终于修成高深内力，既可以隔空打人，又可以隔空取物。这些高手用我们的传统文化来解释内力，称其为"内气外放，外气内收，要它冲哪就冲哪"。也就是说，内力是一种气。还有些高手使用科学语言给出了听上去比较高科技的定义，例如将内力解释为人体内部蕴含的生物电，通过手掌控制并释放生物电的正负电荷，即可实现隔空打人、隔空取物、发功治病、带功讲课等不同效果。

人体内部蕴含生物电，这话是没有错误的，不光人，狗身上也有生物电。但是这颗星球上除了电鳗和电鲶等海洋异类，绝大多数生物的生物电都特别微弱，只能在神经传导时起作用，根本不可能对外界产生任何有影响的放电现象。那些武林异人如果真的修成内力，大概不是通过打坐修炼，而是走上了基因改造的光明大道，用电鳗的基因改变了自己的基因，成功进化为变种人。

　　近年来科学昌盛，知识复兴，国人的脑子渐渐好使起来，一个又一个"气功大师"纷纷倒台。广大人民渐渐明白，现实生活中所谓的内力，无非是用机关、魔术、障眼法搞出来的骗人把戏。

内功不是功

内力还有一个名字，叫做"内功"。在武侠世界，如果有人夸你"内功高强"，那跟说你"内力高深"是同一个意思。

物理概念中有"内力"，但没有"内功"。如果硬要说有，那也是为了分析方便，将一个系统内部所做的功特称为"内功"。

物理学所谓"功"，指的是物体在受力情况下运动位移的改变程度，它在数量上等于有效作用力与位移的乘积，国际单位是焦耳。比如说《天龙八部》里的乔峰抱着昏迷不醒的阿紫在深山老林里前行，假如他每走一步所克服的阻力是500牛顿，如此这般走了10 000米，则他对阿紫所做的功就是500万焦耳，相当于1195千卡。再比如说《侠客行》里的谢烟客背着流浪儿童石破天爬上摩天崖，假如石破天的质量是20公斤，受到的重力是200牛顿，二人爬行的高度为10 000米，则谢烟客对石破天所做的功就是200万焦耳，相当于478千卡。

有些情况下，做功并不在宏观位移上表现出来。例如《射雕英雄传》里的灵智上人用掌力烧开一盆水，《鹿鼎记》里的徐天川用掌力熔化一贴膏药，《倚天屠龙记》里的张无忌在练成乾坤大挪移之前，用掌力去推明教秘道里的一块巨石但没有推动，他们分别对不同的物体施加了力，而物体都没有移动，是不是表明他们都没有做功呢？当然不是。因为从微观角度来分析，灵智上人的掌力加剧了水分子的无规则运动，徐天川的掌力加剧了膏药分子的无规则运动，张无忌的掌力加剧了石头分子的无规则运动，他们表面上没有做功，但实际上却对宏观物体的每一个分子都做了功。

做功是要消耗能量的，这又涉及另一个物理概念：能。

通俗来讲，"功"是力对物体运动的改变程度，属于过程量；而"能"则是物体本身所蕴含的力，属于状态量。也就是说，你做了多少功，取决于你已经在多大程度上改变了物体运动；而你有多少能，却取决于你可以在多大程度上改变物体运动。

武侠世界有许多恶人，滥伤无辜，杀人如麻，不停地做功。同时武侠世界也有许多内力高深但不问世事的隐士，既不伤害好人，也不阻拦恶人，就像一首歌里唱的那样，"化骨绵绵绵，秘籍扔一边，兵器变废铁，织布和耕田"，这些隐士拥有很强的"能"，但是很少做功。从这个角度看，武侠世界的内力并不是力，内功也不是功，所谓内力和内功，其实都是"能"的俗称。

物理世界有两种能：一种是看得见摸得着的"机械能"，另一种是微观意义上的"内能"。

机械能是宏观物体通过机械运动而产生的能，包括动能和势能。内能是物体内部通过分子热运动和分子间作用力产生的能，可以根据不同的分类方式再细分为热能、核能、光能、声能、电磁能、化学能、生物能……

功和能是可以转化的。一个物体对另一个物体做功，一定会造成能的增加或者减少。更准确地说，做功会将一种形式的能变成另一种形式的能，而能的总量保持不变。这就是物理学上常讲的能量守恒定律。

还是随便举一个发生在武侠世界的案例来温习一下能量守恒定律吧。

古龙小说《风云第一刀》中这样描述小李飞刀的飞刀。

眼看这一剑已将刺穿他的心窝，谁知就在这时，诸葛雷忽然狂吼一声，跳起来有六尺高，掌中的剑也脱手飞出，插在屋檐上。

剑柄的丝穗还在不停颤动，诸葛雷双手掩住了自己的咽喉，眼睛瞪着李寻欢，眼珠都快凸了出来。

李寻欢此刻并没有在刻木头，因为他手里那把刻木头的小刀已不见了。

鲜血一丝丝自诸葛雷的指缝里流了出来。

他瞪着李寻欢，咽喉里也在格格作响，这时才有人发现李寻欢刻木头的小刀已到了他的咽喉上。

但没有一个人瞧见这小刀是怎样到他咽喉上的。

是的，李寻欢的飞刀太快，没有人能看到他的飞刀的运动过程，但是我们却可以分析出他发射飞刀时功与能的转化。

首先，他用手指的弹力对飞刀做功，必将消耗一些内力，也就是他体内的生物能。飞刀激射而出，他的一部分生物能被转化为飞刀的动能。飞刀克服空气阻力和自身重力向前飞驰，运动速度变小，一部分动能被转化为热能。飞刀刺进诸葛雷的咽喉，将诸葛雷一击毙命，但是由于肌肉和骨骼的强大阻力，它没能穿体而出，末速度变为零，剩余动能全部转化为热能。诸葛雷死了，他的生物能消失了，躯体很快会腐烂，化作尘土，为各种微生物和植物提供养分，最终会转化为其他生物的生物能。

总而言之，小李飞刀随随便便发射出一柄飞刀，都会带来功与能的转化，而能的总量在各种转化过程中总是保持不变，既没有增加一分，也没有减少一分。

大侠的功率

无论任何形式的能，都不会自动转化为其他能，除非有人或者物体对它做功。

再举个例子。

《射雕英雄传》第二十九回，郭靖背着黄蓉去找一灯大师治疗内伤，途中遇到一个农夫举着一块岩石以及岩石上的一头黄牛，"瞧这情势，必是那牛爬在坡上吃草，失足跌将下来，撞松岩石，那人便在近处，抢着托石救牛，却将自己陷入这狼狈境地。"

郭靖是武侠世界的"活雷锋"，他主动跑到农夫身边，帮人家举高了岩石和黄牛。按金庸先生在书中交代，岩石重 300 斤，黄牛重量与岩石相似，大约也是 300 斤。两个物体的总质量为 300 公斤，所受重力大约为 3000 牛顿。按照我们在中学物理课上学过的重力势能公式，重力势能等于所受重力乘以离地高度，设岩石离地高度为 2 米，则岩石与黄牛的重力势能为 6000 焦耳。

假如郭靖不去帮忙，那个农夫的体力一定会慢慢耗尽，岩石与黄牛最终轰然落地。而根据我们学过的机械能守恒定律，6000 焦耳的重力势

能会在重力做功的作用下转化为几乎同等大小的动能（因空气阻力造成的动能缺失在这里可以忽略不计）。如此强大的动能一旦作用到农夫身上，会把他砸得骨断筋折，七窍流血。好在郭靖出手了，他与农夫并力上举，克服了重力做功的可能性，岩石与黄牛在空中静止，于是那6000焦耳的势能始终无法转化为动能。

你看，只要重力不做功，重力势能就无法转化为动能。

再拿郭靖的师傅哲别举个例子。哲别是神箭手，挽强弓，射硬箭，弹性势能转化为强大的动能，百米之外可以洞穿铠甲。但假如哲别一直引而不发，弓弦的弹力就不能对箭做功，弹性势能就无法转化为动能。

日常生活中也到处都有例证。就拿用电热壶烧水来说吧，说到底还是电流通过电热丝做功，将电能转化成了热能。

电热壶烧水有快有慢，同样一升水，同样是从室温烧到沸腾，用甲种牌子的电热壶3分钟能烧开，用乙种牌子的电热壶可能需要5分钟才能烧开，这里涉及物理学上另一个概念：功率。

所谓功率，当然是做功的效率，它在数量上等于做功的多少与做功时间的比值，国际单位是瓦特，简称瓦。如果计算电流的功率，也可以直接用电流乘以电压来得到，或者通过做功时消耗的热量值来倒推出来。

前文说过，《射雕英雄传》里有一位灵智上人，用掌力烧开过一盆水。设那盆水净重2000克，初始水温为4摄氏度，灵智上人烧水的时间为600秒（一炷香左右）。将4摄氏度的2000克水加热到100摄氏度，至少需要192 000卡的能量，换算成焦耳，是806 400焦耳。将806 400焦耳除以灵智上人做功的时间600秒，就可以求出他用掌力烧水时的功率为1344瓦，跟一个小功率的电热壶差不多。

《倚天屠龙记》中张无忌的父亲张翠山轻功一流，使出武当绝学"梯云纵"，一下子可以蹿到两丈高。设张翠山体重为60千克，受到的重力为600牛顿，以梯云纵功夫完成上蹿的时间是1秒，我们也能求出他的功率：先用600牛顿乘以上蹿高度6米（两丈），得到他克服重力所做的功，再除以做功时间1秒，即可算出他的功率是3600瓦，相当于一个普通的电磁炉。

当然也可以试着换一种方法来计算张翠山在上蹿过程中所做的功，例如使用动能定理——力在作用过程中对物体所做的功等于这个过程中的动能变化量。

张翠山起跳时的动能为初动能，等于他的质量乘以速度的平方再乘以二分之一；他达到 6 米高度时的动能为末动能，这个末动能是零（因为此时速度为零）。用末动能减去初动能，就是张翠山在上蹿过程中所做的功。已知末动能为零，现在只需要求出初动能。他的质量已知（60千克），那么只需要求出起跳速度。但是我们不知道张翠山上升过程中的加速度是多少，所以无法倒推出他的起跳速度，进而也就无法知道他的初动能。所以呢，单凭动能定理并不能算出他做的功。

如果再加上机械能守恒定律，那就简单多了：在空气阻力可以忽略不计的情况下，张翠山只受重力和弹力（起跳时的驱动力就是弹力）的影响，他的初动能与他达到 6 米高度时的重力势能完全相等。已知他在 6 米高度的重力势能等于重力 600 牛顿乘以高度 6 米，即 3600 焦耳，所以他的初动能也是 3600 焦耳，在上升过程中的动能变化量也是 3600 焦耳。

动能变化量就是张翠山所做的功，用这个功除以做功时间 1 秒，最终得到他的功率：3600 瓦。

《倚天屠龙记》中还有一位"吸血蝙蝠"韦一笑，他的武功比张翠山要高，功率应该也比张翠山大。

作为金庸笔下轻功最强的高手，韦一笑瞬息之间可以奔出百米之远。设他完成百米冲刺的"瞬息之间"为 1 秒，在如此惊人的高速运动中一定会受到超出重力好几倍的空气阻力，故此可以假定他在运动中需要克服 2000 牛顿的阻力。

我们先求他奔出百米所做的功：拿 100 米乘以 2000 牛顿，结果是 200 000 焦耳。然后再求出他的功率：拿 200 000 焦耳除以 1 秒，结果是 200 千瓦。200 千瓦换算成公制马力为 272 匹，这个功率是非常大的，可与一辆普通跑车相媲美。

马力为两百多匹的普通跑车，极限速度也只有几十米每秒，并不能像韦一笑那样快到百米每秒，这又是为什么呢？因为功率是表明做功快慢的物理量，不是表明速度快慢的物理量。要知道，影响一辆汽车极限速度的因素除了功率，还有阻力和车身重量。功率相同的两部车，一部车重3吨，一部重1吨，哪部车跑得快，那不是明摆着的嘛！

莲花汽车的创始人柯林·查普曼（Colin Chapman）有一句名言："与其增加10匹马力，不如减少10公斤。"韦一笑韦蝠王长得跟瘦猴似的，体重还没有跑车的零头大，功率却能与跑车相当，肯定比跑车跑得快了。

大侠的额定功率

　　灵智上人烧水的功率相当于电热壶，张翠山上蹿的功率相当于电磁炉，韦一笑百米冲刺的功率相当于一辆跑车。那么是不是可以说，韦一笑的功率一定最大，灵智上人的功率一定最小呢？

　　为了分析这个问题，我们不妨再引入两个物理量：额定功率和最大功率。

　　跟功率一样，额定功率和最大功率的国际单位也是瓦。额定功率指的是一个设备在正常指标下可以长期稳定工作的最大功率，而最大功率则是这个设备在所有相关指标都达到最佳条件时有可能达到的极限功率。

　　每辆汽车的副驾车门下方或者发动机舱的内壁都有一个铭牌，标记着这辆车的品牌、型号、排量、出厂日期以及额定功率。如果额定功率栏写着"100kW"，意思就是说这辆车正常行驶时最多可以输出100千瓦的功率。平常你在市区范围内驾驶这辆车，油门不会踩到底，实际功率比额定功率小。假如你不怕死，在高速公路上拼命超车，实际功率有可能会比额定功率大。当实际功率越来越大、越来越大，车身像犯了"羊角风"一样狂抖，发动机像冲进地狱一样狂吼，一股股黑烟从排气管里蹿出来时，这辆车就会达到最大功率。如果你坚持以最大功率开车，一般坚持不到十分钟，车就会被你毁掉。

武侠小说里描写高手出招，有时候会说他们使出了几成功力，如三成功力、五成功力、八成功力、十成功力甚至十二成功力，等等。这里的"功力"其实与物理世界的功率相当，我们可以将八到十成的功力看成是额定功率，将十成以上的功力看成是最大功率。

我们在生活中也会说一些较为形象的表述，例如"正常发挥""把吃奶的力气都使了出来""我已用尽洪荒之力"之类。其中"正常发挥"就是额定功率，"吃奶的力气"和"洪荒之力"就是最大功率。

灵智上人用掌力烧水，气不长出，面不改色，尚未输出额定功率。韦一笑瞬息之间冲刺百米，那是他施展轻功的巅峰状态，差不多已经输出了额定功率。张翠山"右脚在山壁一撑，一借力又纵起两丈"，却是他在跟谢逊比武时做到的，一旦比输就要被杀，正如金庸原文中所写的："此时面临生死存亡的关头，如何敢有丝毫大意？"故此可以将他输出的功率视为最大功率。换句话说，他平常是没有这么"牛"的，这一回能上蹿两丈来高，下一回未必做得到。

汽车功率受限于发动机的各项参数，武林人物的功率也受限于他们各人的禀赋和内力。内力达不到，硬要以最大功率来击伤对手，自己也会反受其害。《倚天屠龙记》中"金毛狮王"谢逊和崆峒派高手的内功火候尚有不足，偏要去练威力巨大的七伤拳，久而久之，心脉受损，就是因为额定功率不够用，长期输出最大功率的缘故。张无忌曾经对崆峒派高手做过一些科普工作："七伤拳自是神妙精奥的绝技，我不是说七伤拳无用，而是说内功修为倘若不到，那便练之无用。若非内功练到气走诸穴、收发自如的境界，万万不可练这七伤拳。"但是崆峒派高手没学过物理学，听不进他的道理。

温瑞安小说《群龙之首》描写过有桥集团的总裁助理米苍穹以打狗棒偷袭天下第一高手关七的场面。

　　他一出手，就把手中的打狗棒疾刺而出，刺向关七的背心第七根脊椎骨。

　　他知道关七有点痴，一个有些痴的人，第五、第七根脊骨一定有点问题。

　　他就往那儿戳去。

　　画龙须点睛，擒贼先擒王，如今他要打杀一个人，就要往他的致命伤、要害和罩门攻去！

　　他这一棍刺出，"嗤"的一声，也无甚特别。但他的杖尖这才扬起，他的右鼻已激淌下一行鼻血。

　　这一招，他是乍然运聚了莫大的元气和内劲。

米苍穹以最大功率攻击了一次，就这么一次而已，他自己的鼻血就流出来了。打个不恰当的比方，米苍穹"乍然运聚了莫大的元气和内功"的这一招，从侧面证明了让发动机超负荷运转的危害有多大。

按照功率和功的计算公式，功率等于功除以做功时间，而功则等于作用力乘以位移，位移除以做功时间就是速度，所以功率等于作用力与速度的乘积。将这个推导出来的关系式放在汽车发动机的领域来表述，发动机功率等于汽车牵引力与行驶速度的乘积。

那么好，发动机的额定功率是固定的，只要想增大牵引力，那就要降低速度。所以我们平常开车爬陡坡或者长坡的时候，一定要及时把档位降下来，降低发动机的转速，以此来提升汽车的动力。如若不然，发动机只能被迫超出额定功率运转，好比一个高手被迫将内力发挥到极限，最终会让自身受到伤害。

与温瑞安笔下的米苍穹相比，金庸笔下的张无忌更懂得运用物理定律。

《倚天屠龙记》第二十回，张无忌练成乾坤大挪移，走到一座原先无论如何用力都推不开的石门前面，用右手按在石门上，微微晃动，缓缓用力，那座石门被他缓缓打开了。

大家一定要注意"缓缓"这两个字。众所周知，乾坤大挪移只是教人"运劲用力的一项极巧妙法门"，并不能提升内力。所以呢，张无忌的额定功率没有增加，为了推开石门，他"缓缓"用力，说明他掌握了通过降低速度来提升牵引力的物理知识。

高手相撞和动量守恒

　　武学之道千变万化,高深莫测,物理学也是如此。为了达成某个效果,有时候我们要降低速度来提升牵引力, 有时候则要提高速度来增强惯性力。小李飞刀的飞刀为什么能在百晓生兵器谱中排名第三? 并且还能打败排名第二的上官金虹? 不就是因为发射飞刀的速度太快吗?

　　在经典物理学中, 一柄飞刀的质量是恒定的, 它的速度越快, 动量就越大;动量越大, 惯性力就越大;惯性力越大, 对敌人造成的杀伤力就越大。

　　这里我们又提到一个物理概念:动量。

　　什么是动量呢? 就是物体质量与其速度的乘积, 国际单位是千克米每秒。

　　关于动量, 物理学上有一个动量守恒定律:在合外力为零的情况下, 一个系统的总动量保持不变。

　　比如我们打台球,球杆驱动母球,母球撞击目标球,目标球随之滚动。将母球与目标球当作一个系统, 这个系统受到的外力是地心引力和球台支持力,只要台面并未下陷,台球并未落地, 引力和支持力就是一对平衡力, 说明这个系统受到的合外力为零, 所以系统内部的母球和目标球一定遵循动量守恒定律。

根据动量守恒定律，我们可以预测到目标球被撞击后的运动情形。

假定母球和目标球的质量都是 0.2 千克，母球以 10 米每秒的速度滚动，则其动量为 2 千克米每秒。再假定母球以直线轨迹准确撞击在目标球上，那么母球的动量就会突然消失，而目标球则会马上获得 2 千克米每秒的动量，随即以 10 米每秒的速度滚动出去。

如果母球的质量大于目标球的质量，当母球以 10 米每秒的速度撞到目标球时，母球仍会向前运动，但是速度会减小，它失去的动量被转移到目标球身上，目标球将以超过 10 米每秒的速度滚动出去。

如果母球的质量小于目标球的质量，当母球以 10 米每秒的速度撞到目标球时，母球会被弹回来，弹回的速度小于 10 米每秒，目标球会向前滚动，滚动的速度也将小于 10 米每秒。

以上几种情形都不是我们凭空想象出来的，而是按照动量守恒定律推算出来的必然结果。如果不信，不妨亲自做做实验，相信实验结果一定与推算结果一致。

动量守恒定律是分析碰撞运动的强大武器，既适用于宏观世界，也适用于量子世界，我们甚至还可以用它来解释武侠世界中的碰撞运动。

《笑傲江湖》第十三回，林平之的表兄弟碰撞了令狐冲的好友绿竹翁。

眼见绿竹翁交了那包裹后，从船头踏上跳板，要回到岸上，两兄弟使个眼色，分从左右向绿竹翁挤了过去。二人一挺左肩，一挺右肩，只消轻轻一撞，这糟老头儿还不摔下洛水之中？虽然岸边水浅淹不死他，却也大大削了令狐冲的面子。令狐冲一见，忙叫："小心！"正要伸手去抓二人，陡然想起自己功力全失，别说这一下抓不住王氏兄弟，就算抓上了，那也全无用处。

他只一怔之间，眼见王氏兄弟已撞到了绿竹翁身上。

王元霸叫道："不可！"他在洛阳是有家有业之人，与寻常武人大不相同。他两个孙儿年轻力壮，倘若将这个衰翁一下子撞死了，官府查究起来那可后患无穷。偏生他坐在船舱之中，正和岳不群说话，来不及出手阻止。

但听得"波"的一声响，两兄弟的肩头已撞上了绿竹翁，蓦地里两条人影飞起，"扑通扑通"两响，王氏兄弟分从左右摔入洛水之中。那老翁便如是个鼓足了气的大皮囊一般，王氏兄弟撞将上去，立即弹了出来。他自己却浑若无事，仍是颤巍巍地一步步从跳板走到岸上。

王氏兄弟同时撞在绿竹翁身上，想把绿竹翁撞倒，但是事与愿违，被撞的绿竹翁没事，他们二人却被弹到了水里。

我们可以将王氏兄弟与绿竹翁当作一个系统，三人所受的重力与地面对他们的支持力相抵消，旁观众人也没有插手干涉，系统合外力为零，符合动量守恒定律的前提条件。设王氏兄弟的总质量为100千克，运动速度为5米每秒，运动方向一致，则其二人的总动量为500千克米每秒。绿竹翁孤身一人，质量大约相当于王氏兄弟的二分之一，为50千克，他年迈体衰，行动迟缓，颤巍巍地往前走，运动速度大约为1米每秒，动量大约为50千克米每秒。

动量有方向，属于矢量。王氏兄弟向绿竹翁撞去，他们的动量与绿竹翁相反，如果将绿竹翁的动量当作负值，则三人相撞之前的动量和为450千克米每秒，三人相撞以后的动量和也将是450千克米每秒。

王氏兄弟质量较大，速度较快，撞击后本应继续前行，速度大约降低到4米每秒或3米每秒，动量大约降低到400千克米每秒或300千克米每秒。根据动量守恒定律，在不考虑地面摩擦力的情况下，绿竹翁被撞后将改变运动方向，以1米每秒或3米每秒的速度反弹出去。可是金庸先生描写的实际情况却是王氏兄弟被弹射出去，绿竹翁的运动方向和运动速度都没有变化，这是为什么呢？

合理的解释有两条。

第一，绿竹翁在被撞的瞬间突然加速，从1米每秒变成10米每秒以上。当撞击发生后，他会以更高的速度反弹出去，而王氏兄弟也将以较低的速度反弹出去，否则就违背了动量守恒定律。与此同时，绿竹翁使出千斤坠功夫，增大了自己与地面的摩擦力，克服了突如其来的弹力，故能岿然不动。而王氏兄弟功夫太差，克服不了弹力，故被弹落水中。

第二，绿竹翁练成了一种能随意增大自身质量的神奇武功，在被撞的瞬间突然变重，从50千克变成500千克以上。当撞击发生后，他的速度基本不变，王氏兄弟只能被迫改变运动速度，以5米每秒以上的速度反弹出去，否则依然违背动量守恒定律。

乾坤大挪移的物理原理

当合外力为零的时候，系统的动量一定守恒，但系统内单个物体的动量却可以变化。物理学将单个物体受力之后的动量变化程度叫作"冲量"，它的国际单位也是千克米每秒，但在数量上等于受力后动量与受力前动量的差，又等于作用力与作用时间的乘积。由此可见，冲量既可以反映动量的变化量，又可以反映作用力在时间上的累积效应。

例如我们平常开车，猛踩几脚油门，使发动机牵引力达到最大值，然后完全松开油门，让汽车在惯性定律作用下往前滑行，那么发动机牵引力的冲量就会很小，汽车的动量变化就不十分明显；如果我们一直猛踩油门不放，直到车速提升到最高水平，那么发动机牵引力的冲量就会很大，汽车的动量变化就会十分可观。也就是说，牵引力没变，但是牵引力的作用时间变化了，冲量也会随之变化。反过来讲，如果一个物体的冲量保持不变，只要改变力的作用时间（等价于动量的变化时间），作用力同样会随之改变。

为了表述上的方便，我们可以将产生冲量的作用力叫作"冲力"。冲力的单位是牛顿，在数量上等于冲量除以冲力的作用时间（或者动量的变化时间）。当冲量固定时，冲力的作用时间越短，冲力就越大；冲力的作用时间越长，冲力就越小。

《射雕英雄传》中有一路拳法叫"七十二路空明拳",由老顽童周伯通独创,被周伯通的结拜兄弟郭靖学会。这路拳法的本质是以柔克刚,外在表现是打在树上而树不摇晃。

这一掌拍得极重,声音传到山谷之中,隐隐地又传了回来。洪七公一惊,忙问:"靖儿,你刚才打这一掌,使的是什么手法?"郭靖道:"怎样?"

洪七公道:"怎么你打得如此重实,树干却没丝毫震动?"郭靖甚感惭愧,道:"我适才用力震树,手臂酸了,是以没使劲力。"洪七公摇头道:"不是,不是,你拍这一掌的功夫有点古怪。再拍一下!"

手起掌落,郭靖依言拍树,声震林木,那松树仍是略不颤动,这次他自己也明白了,道:"那是周大哥传给弟子的七十二路空明拳手法。"

郭靖学过降龙十八掌,掌力刚猛无双,打在树上而树不摇晃,说明他延长了动量或者冲力的变化时间,将刚猛的掌力变轻柔了。

《倚天屠龙记》第八回,金毛狮王谢逊向张翠山夫妇演示七伤拳,也是通过延长动量的变化时间,将刚猛的拳力变得轻柔,好像根本没有打过那一拳似的。

谢逊问道:"五弟,你瞧出了其中奥妙么?"张翠山道:"我见大哥这一拳去势十分刚猛,可是打在树上,连树叶也没一片晃动,这一点我甚是不解。便是无忌去打一拳，也会摇动树枝啊！"

无忌叫道："我会！"奔过去在大树上"砰"的一拳，果然树枝乱晃，月光照映出来的枝叶影子在地下颤动不已。

张翠山夫妇见儿子这一拳颇为有力，心下甚喜，一齐瞧着谢逊，等他说明其中道理。

谢逊道："三天之后，树叶便会萎黄跌落，半个月后，大树全身枯槁。我这一拳已将大树的脉络从中震断了。"

张翠山和殷素素不胜骇异，但知他素来不打诳语，此言自非虚假。谢逊取过手边的屠龙宝刀，拔刀出鞘，"嚓"的一声，在大树的树干上斜砍一刀，只听得"砰嘭"巨响，大树的上半段向外跌落。谢逊收刀说道："你们瞧一瞧，我'七伤拳'的威力可还在么？"

张翠山三人走过去看大树的斜剖面时，只见树心中一条条通水的筋脉已大半震断，有的扭曲，有的粉碎，有的断为数截，有的若断若续，显然他这一拳之中，又包含着数般不同的劲力。张殷二人大是叹服。张翠山道："大哥，今日真是叫小弟大开眼界。"

动量的变化时间延长了，直接作用在树上的冲力减小了，表面上看不出任何伤害，但是谢逊的内力（某种不可思议的生物能或者电磁能）却在此期间透入树干，将一棵看似完好无损的大树打出了严重内伤。

谢逊是张无忌的义父，幼年张无忌不懂得如此高深的武学道理，直到修习乾坤大挪移之后才明白过来。

话说《倚天屠龙记》第二十七回，六大派高手被赵敏困在万安寺塔，大火从塔底一层层往上烧起，众高手只能一层层往上逃，逃到第十层，到顶了，再也没地方去了。想施展轻功往下跳，离地已有十丈，无论轻功多么高明的人都得摔死。韦一笑想在高塔和相邻建筑之间绑一条绳索，让六大派高手像杂技演员走钢丝那样逃到附近的大厦去，可惜刚刚拉起的绳子又被神箭八雄射断了。想打电话报警，大侠们都没带手机，即使带了，信号也会被无所不能的赵敏给屏蔽掉。故此六大派高手望眼欲穿，都盼着明教能派直升机过来，然而当时是元朝，哪里来的直升机呢？

就在高手们闭眼等死的时候，明教教主张无忌像蝙蝠侠那样及时赶来了，他站在地面上，朝塔顶众人喊道："跳下来吧，我接住你们！"可是谁也不信他的话。为什么呢？离地太高，冲力太大，张无忌根本接不住嘛！

我们不妨试算一下张无忌在地上接人时可能受到的力。

张无忌接人时会受到两种力，一是跳塔人的重力，二是跳塔人的冲力（重力在时间上累积而成的效果力）。两个力的方向相同，根据力的合成法则，其合力等于跳塔人的重力加上跳塔人的冲力。

跳塔人的重力很容易算，用人体质量乘以重力加速度就行了。我们知道，万安寺塔位于元大都，元大都就是现在的北京，北京的重力加速度为 9.801。假定六大派男性高手平均体重 80 公斤，灭绝师太和周芷若等女性高手平均体重 50 公斤，则每位男性高手的重力为 784 牛顿，女性高手的重力为 490 牛顿。

跳塔人的冲力算起来比较复杂一些。首先我们得知道跳塔时的初速度和末速度，然后我们还要知道从塔顶到地面所需的时间。如前所述，众高手跳塔前离地 10 丈，10 丈即 100 尺，元代官尺长 30.7 厘米，100 尺即 30.7 米，这是众高手的下落距离。按照自由落体公式，下落距离等于自由落体加速度乘以下落时间的平方再乘以二分之一。下落距离已知，自由落体加速度已知，可求出下落时间大约为 2.5 秒。再根据加速度公式（加速度等于末速度减去初速度再乘以下落时间），加速度已知，初速度取零，求出跳塔人落地的末速度约为 24.5 米每秒。

有了末速度，又知道质量，两者相乘，可以算出众高手在被张无忌接到那一瞬间的动量。已知跳塔人质量分别为 80 公斤（男性高手）和 50 公斤（女性高手），末速度为 24.5 米每秒，求得他（她）们的动量分别为 1960 千克米每秒和 1225 千克米每秒。

张无忌站在地面上去接高空坠落的众位高手，相当于他要在极短的时间内将每个高手的动量变成零。设这个极短时间为 0.1 秒，根据冲力等于冲量（动量变化量）除以作用时间的公式，他接男性高手时受到的冲力是 1960 千克米每秒除以 0.1 秒，即 19600 牛顿；接住女性高手时受到的冲力是 1225 千克米每秒除以 0.1 秒，即 12250 牛顿。

冲力加上重力，等于张无忌接人时受到的合力。我们很容易就能算出来，张无忌接男性高手时受到的合力是 20384 牛顿，接女性高手时受到的合力是 12740 牛顿。这两个力分别相当于 2080 公斤重的物体和 1300 公斤重的物体压在张无忌的手臂上。由此可见，不管是哪位高手跳下来，张无忌都接不住。如果他硬撑着去接，那么他的双臂和脊椎将会同时折断。就算张无忌有神功护体，六大派高手也承受不了他以巨力接人时对他们产生的反作用力啊！

但是张无忌很神奇，他会乾坤大挪移神功，用这门神功接人，不但自己没事儿，众高手也完好无损。

张无忌是怎么做到的呢？只有一个可能：他延长了动量的变化时间，

使跳塔人的动量在很长的时间里慢慢转化为零。动量的变化时间越长，冲力就越小，当变化时间趋向无穷大时，冲力就等于零了。冲力等于零以后，只剩下重力起作用，张无忌从高空接人等于在平地抱人，当然没问题。

现在大家可以发现，武功练到极处，武学道理是共通的。空明拳也好，七伤拳也好，乾坤大挪移也好，归根结底都是在改变动量的变化时间。

话说到这里，如果大家还没有明白，不妨再想想生活中的一个小常识：玻璃杯掉在地板上容易碎，掉在厚厚的地毯上却不会碎。因为掉在地板上时，动量的变化时间很短，冲力大；掉在地毯上时，动量的变化时间很长，冲力小。

乾坤大挪移的罩门

张无忌具体是怎样用乾坤大挪移来延长动量变化时间的呢？
我们再次翻开《倚天屠龙记》第二十七回，接着看后面的情节。

　　他一动念间，突然满场游走，双手忽打忽拿、忽拍忽夺，将神箭八雄尽数击倒。此外众武士凡是手持弓箭的，都被他或断弓箭，或点穴道。眼看高塔近旁已无弯弓搭箭的好手，纵声叫道："塔上各位前辈，请逐一跳将下来，在下在这里接着！"

　　塔上诸人听了都是一怔，心想此处高达十余丈，跳下去力道何等巨大，你便有千斤之力也无法接住。崆峒、昆仑各派中便有人嚷道："千万跳不得，莫上这小子的当！他要骗咱们摔得粉身碎骨。"

　　张无忌见烟火弥漫，已烧近众高手身边，众人若再不跳，势必尽数葬身火窟，提声叫道："俞二伯，你待我恩重如山，难道小侄会存心相害吗？你先跳罢！"

　　俞莲舟对张无忌素来信得过，虽想他武功再强，也决计接不住自己，但想与其活活烧死，还不如活活摔死，叫道："好！我跳下来啦！"纵身一跃，从高塔上跳下来。

　　张无忌看得分明，待他身子离地约有五尺之时，一掌轻轻拍出，

> 击在他的腰里。这一掌中所运，正是"乾坤大挪移"的绝顶武功，吞吐控纵之间，已将他自上向下的一股巨力拨为自左至右。
>
> 俞莲舟的身子向横里直飞出去，一摔数丈，此时他功力已恢复了七八成，一个回旋，已稳稳站在地下，顺手一掌，将一名蒙古武士打得口喷鲜血。他大声叫道："大师哥、四师弟！你们都跳下来罢！"
>
> 塔上众人见俞莲舟居然安好无恙，齐声欢呼起来。

金庸先生交代得清楚，张无忌使出乾坤大挪移，一掌拍在跳塔人的腰间，将竖直向下的自由落体运动变成了自左至右的横向运动。

当跳塔人从自由落体变成横向运动以后，仍然没有摆脱重力的影响，在横向上会有一个速度（被张无忌拍击的速度），在垂直方向也会有一个速度（自由落体速度），他们在做抛物线运动中的平抛运动，按照水平抛物线的轨迹飞行，最终落在距离自由下落点不远的地方。

高中物理必修课第二册讲过平抛运动的下落速度，其实与自由落体的速度是相同的。换句话说，张无忌往人家腰间横拍一掌，仅仅是改变了运动轨迹，并不能减小下落速度。根据我们前面算出的自由落体运动数据，无论张无忌横拍的力度有多大，无论跳塔人横飞的距离有多远，他们的下落时间都是 2.55 秒，落地的末速度都是 24.5 米每秒，在竖直方向上承受的重力加冲力都是好几千牛顿，除非地面上早就铺设了厚厚的地毯，否则都逃不脱活活摔死的结局。

所以呢，金庸先生说俞莲舟横飞数丈，居然完好无恙，那是不符合物理定律的，是对乾坤大挪移表述上的一个小遗憾。正确表述应该这样：

俞莲舟对张无忌素来信得过，虽想他武功再强，也决计接不住自己，但想与其活活烧死，还不如活活摔死，叫道："好！我跳下来啦！"纵身一跃，从高塔上跳将下来。

张无忌看得分明，待他身子离地约有五尺之时，一掌轻轻拍出，击在他的腰里。这一掌中所运，正是"乾坤大挪移"的绝顶武功，吞吐控纵之间，已将他自上向下的一股巨力拨为自左至右。

俞莲舟的身子向横里直飞出去，一摔数丈，"啪"的一声落在地上，口喷鲜血，四肢断折。在弥留之际，他用微弱的声音断断续续地说道："大师哥……四师弟……你们都不要……都不要跳……平抛运动改变不了……下落速度……"

塔上众人见俞莲舟居然活活摔死，齐声叱骂起来。

不过金庸笔下的其他桥段还是特别靠谱的。例如《射雕英雄传》第十二回，初出江湖的郭靖对战功力深厚的梁子翁。

郭靖急忙闪避，梁子翁已乘势抢上，手势如电，已扭住他后颈。郭靖大骇，回时向他胸口撞去，不料手肘所着处一团绵软，犹如撞入了棉花堆里。

同书第二十七回，丐帮长老鲁有脚对战铁掌帮主裘千仞。

鲁有脚身经百战，虽败不乱，用力上提没能将敌人身子挪动，立时一个头锤往他肚上撞去。他自小练就铜锤铁头之功，一头能在墙上撞个窟窿。某次与丐帮兄弟赌赛，和一头大雄牛角力，两头相撞，他脑袋丝毫无损，雄牛却晕了过去，现下这一撞纵然不能伤了敌人，但双手必可脱出他的掌握，哪知头顶刚与敌人肚腹相接，立觉相触处柔若无物，宛似撞入了一堆棉花之中。

还有《书剑恩仇录》第十九回，大内太监武铭夫对战武当名家陆菲青。

　　武铭夫笑道："咱们亲近亲近。"两人各自伸手，来握陆菲青与赵半山的手。他们上楼时抓陆赵二人肩头不中，很不服气，这时要再试一试。迟玄学的是六合拳，武铭夫专精通臂拳。两人一握上手，使劲力捏，存心要陆赵叫痛。哪知迟玄用力一捏，赵半山的手滑溜异常，就如一条鱼那样从掌中滑了出去。陆菲青绰号"绵里针"，武功外柔内狠。武铭夫一使劲，登时如握到一团棉花，心知不妙，急忙撒手。

　　你看，郭靖肘击梁子翁，鲁有脚头撞裘千仞，武铭夫手捏陆菲青，用的都是猛劲，能致对手重伤。可是他们遇到了精通物理知识的高手，人家将受力部位变得柔软异常，延长了时间，减小了冲力，化解了狠招，保护了自己。什么是高手？这就是高手。

断臂飞出能打人

前文探讨了冲力，现在再探讨一下反冲力。

老规矩，先看武侠桥段。

这么一说，胡斐心头许多疑团，一时尽解。只觉此事怨不得马春花，也怨不得福康安，商宝震杀徐铮固然不该，可是他已一命相偿，自也已无话可说，只是想到徐铮一生忠厚老实，明知二子非己亲生，始终隐忍不言，到最后却又落得如此下场，深为恻然，长长叹了口气，说道："秦大哥，此事已分剖明白，算是小弟多管闲事。"轻轻一纵，落在地下。

秦耐之见他落树之时，自己丝毫不觉树干摇动，竟是全没在树上借力，若不细想，那也罢了，略一寻思，只觉得这门轻功实是深邃难测，自己再练十年，也是决计不能达此境界，不知他小小年纪，何以竟能到此地步？他又是惊异，又感沮丧，待得跃落地下，见胡斐早已回进石屋去了。

这两段文字出自《飞狐外传》，描写了胡斐的奇特轻功，从树上跳下时居然毫不借力，树身没有一丝一毫晃动，无声无息就跳下来了，仿佛台湾同胞常讲的"阿飘"。

我们知道，每个物体都有一个重心，也就是所有外力作用方向都汇集在一处的那个交叉点。一个物体想要站立，从它重心引下来的垂直线必须落在它的底面区域，否则就会歪倒。人在站立的时候亦然，只有当从他重心引下来的垂直线落在在双脚外缘所构成的平面范围内时，他才不会跌倒。

我们要移动我们的身体，首先必须移动我们的重心，否则寸步难行。举个最简单的例子：你坐在椅子上，上身固定在椅背上不许晃动，双腿固定在地面上不许移动，那你就没办法站起来。因为你的重心正处于肚脐以上靠近后背的部位，从这里引下的垂线正落在脚后跟的后面，只要双脚不往后移，上身不往前倾，你是绝对站不起来的。

秦耐之是老江湖，懂得这个常识，所以他会对胡斐非常惊讶：咦，你小子上身不往前倾，双腿不往后摆，也没有用手在树上借力，身体的重心一直保持在原来的位置，怎么就能离开呢？

从物理学角度来探秘，胡斐一定是利用了反冲力。

来，我们再回顾一下动量守恒定律：当一个系统所受合外力为零的时候，系统内部所有物体的总动量保持不变。

假如这个系统内部只有一个物体，这个物体突然分裂成运动方向相反的两个部分，而且使其分裂的作用力是从物体内部产生的，合外力为零，则根据动量守恒定律，分裂后的两个物体的总动量一定等于该物体分裂前的动量。

为了不违背动量守恒定律，当分裂出的一部分朝某个方向运动时，另一部分一定会朝相反方向运动。我们将这种现象称为"反冲"，并把那个使分裂物体朝相反方向运动的效果力称为"反冲力"，俗称为"后坐力"。

　　举例来说，一把已经上膛的手枪是一个物体，它待在你手上，速度为零，动量为零，合外力为零。你开了一枪，发射出一颗子弹，相当于将一个物体分裂成两个部分：一部分是手枪，一部分是那颗已经射出的子弹。子弹向前运动，获得了动量，手枪必定获得一个大小相等、方向相反的动量，进而形成一个向后运动的反冲力。这个突然形成的反冲力会让你的手猛然一震，你需要握紧枪身，用手掌的摩擦力来克服反冲力，否则手枪会向后飞出，打在你的鼻梁或者其他部位上。

　　再举个例子。一枚火箭的箭杆上绑着火药筒，速度为零，动量为零，合外力为零。你点燃药捻，火药筒里的火药开始燃烧，形成爆炸式的气流喷射而出，不停地将火箭分裂成两部分：一部分是火箭，一部分是喷出的气流。气流获得了向后的动量，火箭必定获得向前的动量。动量是质量与速度的乘积，火箭的质量持续变小（因为火药越来越少），速度则随着反冲力的累积而持续增大。我们的喷气式飞机之所以能高速飞行，我们的运载火箭之所以能将卫星送上太空，就是因为这个道理。

　　现在回到武侠世界，看胡斐怎样才能在重心不转移的情况下从树上离开。

　　第一，他可以像鸟儿扇动翅膀一样快速扇动双臂，对空气施加压力，随之得到反作用力，再以轻功减小自身重量，靠空气的反作用力飞离树枝。不过根据常识，不管他的重量有多轻，不管空气对他的反作用力有多大，树枝都会晃动一下。大家有机会可以观察鸟儿从树上飞走的画面，树枝没有不晃的，越细的树枝晃得越明显。

第二，他可以运起气功，放一个不响也不臭但是速度很快的屁。这个屁是从他身上分裂出的一部分，会给他提供一个反冲力。屁向下运动，他必然向上运动；屁向后运动，他必然向前运动。假如这个屁的方向是斜向下，那他的运动方向就是斜向上。只要屁的速度足够快，就能使他获得一个大到可以抵消重力的反冲力，最终使他无声无息地飞离树枝。

大家千万不要认为放屁很困难，对于一个高手来讲，屁是随时就能有的。《射雕英雄传》第二十二回，金庸先生明确说明："平白无端地放一个屁，在常人自然极难，但内功精湛之辈一生习练的就是将气息在周身运转，这件事却是殊不足道。"

胡斐利用反冲力离开树枝，看上去很酷，并无实际用途。想从树上下来，完全可以用传统方法，倾斜上身，摆动双腿，用手往下一按，借助反作用力离开树枝，在重力影响下落到地面。如果为了避免摔伤，抱着树身爬下来也是可以的。

温瑞安《说英雄·谁是英雄》系列中塑造了一个武功奇高的大反派元十三限，他才是利用反冲力的绝顶高手。

他的左臂与他的身体倏然分了家！

左臂就像一支怒射的箭。

身体如张满的弓。

箭穿破竹简板索。

穿破了鲁书一的胸膛！

这一击之后，元十三限就借着击杀弟子鲁书一所回复的内力，全面、全力、全心、全意，但并非全身地撤退。

　　元十三限的左手被大徒弟鲁书一困住了，其他徒弟趁机向他围攻，他无计可施，性命难保，在此危急时刻，只能用惊人内力在自己左肩部位制造一个惊人的爆炸力，驱动左臂飞离身体。这时候，他的身体就像一把手枪，他的左臂就像一颗子弹，子弹飞射而出，击穿了大徒弟的胸膛，身体借反冲力后退，摆脱了其他徒弟的攻势。是的，他失去了一条胳膊，但是却救回了自己的一条命。

　　在金庸的《天龙八部》里，段誉为了救王语嫣，一招六脉神剑切断了一个恶头陀的右臂。那头陀异常剽悍，急怒之下狂性大发，左手抄起右臂，猛吼一声向段誉掷来。段誉没躲开，被那只断臂重重地打了一个耳光。这一下只打得段誉头晕眼花，脚步踉跄，大叫道："好功夫！断手还能打人。"这段描写说明段誉没学过物理，只要反冲力够大，断臂尚能杀人，何况打人呢？

第四章

武侠世界的声和光

激光发生器

金庸、古龙、梁羽生，并称"中国武侠小说三大宗师"，凡是爱看武侠小说的朋友，对他们肯定非常熟悉。与这三大宗师相比，温瑞安要年轻得多，笔法也新奇得多，所以被称为"新派武侠代表人物"。

温瑞安确实新派，他塑造的武侠世界形式新奇，不像金庸那样将琴棋书画变成武功，也不像梁羽生那样让男女主角出口成诵，他另辟蹊径，把物理学写进了武侠小说。学过物理学的读者读他的书，可以从打斗场面中看到光学、声学、航天、相对论，甚至还能联想起量子力学中最前沿的问题，例如"人的意识影响世界""念力可以操纵物体"等假说。

今天我们先谈谈温瑞安笔下的光学。

翻开《神相李布衣》系列的第五部《天威》，找到第二部分第五章《水和土》，可以看到如下画面。

李布衣问："那是什么地？"

何道里道："墓地。"

一说完，他就自襟袍里掏出一件东西。

一块石头。

李布衣一见这块石头，脸上的神色，就似同时看见三只狮子头上有四头恐龙一般。

那一块小石，小如樱珠，呈六棱形，光彩微茫，五色粲然，透明可喜。

李布衣讶然道："是泰山狼牙岩，还是上饶水晶？"

何道里道："是峨眉山上的'菩萨石'。"

李布衣清楚记得，寇宗爽的《本草衍义》有提到："菩萨石出于峨眉山中，如水晶明澈，日中照出五色光，如峨眉普贤菩萨圆光，因以名之，今医家鲜用，并又称之'放光石'。放光石如水晶，大者径三四分，就日照之，成五色虹霓……"

但在何道里手中的"菩萨石"，透明晶亮中又散布着诡异的颜色，显然经特别磨砺过来。只见何道里把石子水晶迎着阳光一映，虹光反射，光霞强烈，暴长激照，金星齐亮，射在李布衣身上。

李布衣只感到身上有一道比被刀刺更令人剧痛的光线，耀目难睁，忙纵身跳避。

只见地上被这一道强光，割了一道深深的裂缝。

李布衣此惊非同小可，想掩扑向何道里。但何道里只需把手腕一击，强光立移，继续如刀刺射在李布衣身上，无论李布衣怎样飞闪腾挪，纵跃退避，那道七色光花，精芒万丈，辉耀天中，附贴在李布衣身上，如蛆附骨。

李布衣感觉到自己的肌肤如同割裂，比尖戟割入还要苦痛不堪。

一块透明的六棱水晶石，将阳光聚焦成一道杀伤力惊人的高温光束，射在地上可以割出一道深深的裂缝，射在人身上可以将人烧成烤猪。幸亏李布衣神功护体，没被烧死，但是这道光束还是给他带来了剧烈的疼痛感。

那么这种高温光束是什么呢？用凸透镜聚焦的光束肯定没有这么大的威力，它只能是俗称"死光"的激光。

激光是上个世纪人类在原子弹、计算机、半导体之后的又一大发明，它的亮度极高、方向性极好、能量高度集中，所以享有"最亮的光""最快的刀""最准的尺"等美誉。

我们知道，每一束光都是由无数个光子组成的电磁波，每个光子都有自己的方向、频率和能量，一道光束中同一方向、同一频率、同一能量的光子越多，这束光的亮度和能量就越强。普通光束中的光子有着不同的频率、方向和能量，能量很低。而从激光发生器中发射出来的光束，光子类型几乎完全相同，当同时发射的同一类型的无数光子叠加在一起时，就形成了可怕的激光。

自然界是不会自己产生激光的，何道里用激光对付李布衣，说明他拥有一个激光发生器，并且是功率很强的激光发生器。老师在学校多媒体教室给我们讲课，手里拿的激光笔也是一种激光发生器，功率特别低，能量非常小，发出的激光只是方向集中、亮度很高罢了，对大家不会构成威胁。何道里用的激光器大概类似于美国正在研制的可以装配给单兵使用的小型激光枪，能量强大到可以熔化金属、击穿甲板，即使调节到最小功率，也能将敌人双眼闪瞎。

激光发生器分好几种，其中一种叫"固体激光发生器"，一般要用硅酸盐玻璃、磷酸盐玻璃、氟化物玻璃、氧化铝晶体、钇铝石榴石晶体等矿物作为激光材料，而这些材料大多是无色透明的物质，形如水晶石。由此推想，何道里手里那枚六棱水晶石应该就是它的激光材料吧？

阳燧取火

何道里想用激光杀死李布衣，没有得逞，被李布衣用一面凹镜挡住了激光。

李布衣情知身子只要一被强光所定照，便像土地一样被割裂。他的身子忽然一弓，一弓之后，是一个大舒展。何道里认准这一下，以内力借菩萨石为媒，借阳光热力射向李布衣。

只是李布衣这时手上已多了一物。

透过菩萨石强光，射在李布衣手的什物里，突然更强烈五六倍，折射回来，射在何道里身上。

何道里身上立即冒起一阵白烟。

他反应何等之快，立即捏碎了手上的石英！

饶是如此，他身上也被灼焦了一条如蜈蚣躯体一般的黑纹。

何道里这才定睛乍看清楚，李布衣手上拿着的是一面凹镜。

凹镜聚阳，热力可以生火，菩萨石把太阳的热力射在凹镜上，便以数倍热力，反射回来，要不是何道里见机得早，捏碎水晶，只怕此刻已变成了个火球。

这段描写就有点儿不科学了。

如果是普通光束射到凹镜的镜面上，平行入射的光线一定会反射回去，并汇聚在离镜面中心不远的一个焦点上。但何道里发射的是激光，能量强度极大的激光，温度很高，只要镜面上有任何一处瑕疵（例如反光涂层不够均匀），哪怕这处瑕疵小到只有一纳米，也会被激光烧穿一个小孔，进而烧穿凹镜后面的人。李布衣生活在宋朝（温瑞安大部分武侠作品的时代背景都是宋朝），宋朝人用的是铜镜，镜面是手工打磨的，用放大镜一瞧，能发现太多坑坑洼洼的瑕疵，何道里的激光射上去，至少一半能量将穿过镜面，把李布衣烧成重伤。

这一章翻过不提，我们看下一章。

在《天威》第二部分的第六章，李布衣打败何道里，去火阵对付一个名叫年不饶的人。这一次，他用的法宝仍然是一面凹镜。

　　年不饶挥舞火把冲来，倏地，发觉李布衣手上的什物，映着阳光然后透过火把，再折射到年不饶的脸上某一点，突然之间，在年不饶颊上的石油，"刷"的焚烧起来。跟着下来，他身上火焰迅速蔓延，身上数处都着了火，端的成为一个火人。

　　……年不饶周身上下，已为火烧伤，但因脸部最迟入土，是故脸孔的伤最重。他溃烂的眼皮艰辛地翻着。有气无力地问了一句："你以火制火，用的镜子是不是阳燧？"

　　李布衣答："是。"

凹镜古称"阳燧"。《周礼·天官》载："有人掌以天燧，取火于日。"

《淮南子·天文训》云："故阳燧见燃而为火。"北宋沈括《梦溪笔谈》讲得更详细："阳燧面凹，向日照之，光皆向内，离镜一二寸聚为一点，大如麻椒，着物则火。"阳燧是镜面内凹的镜子，对着日光一照，平行射入的太阳光都被反射在离镜面一两寸的焦点上。该焦点像一粒麻椒那样小，汇聚了光的能量，可将放置在焦点处的易燃物点着。

凹镜的光学原理非常简单：一束光射在弯曲的反射面上，反射回的光线与射入的光线形成一个夹角，每条平行光线的反射光线会全部交叉于一个点，所以该点的光非常集中，亮度高，热度大，可以加热食物，或使易燃物起火。

需要说明的是，并非所有的弯曲面都能让光线聚焦。我们将篮球一分为二，内壁涂上反光层，也是两面凹镜，但是像这样正球形的凹镜却没有真正的焦点，光线还没有汇聚就又撞到了镜面上。只有镜面像普通抛物线那样弯曲的凹镜（抛物面镜），才是真正的凹镜。

凹镜汇集能量的效率不算高。迄今出土的周朝阳燧，直径7.5厘米，青铜制成，盛夏正午阳光下，用它聚焦的光线也只是让人感到滚烫而已，要想点燃一根火柴，需要持续照射60分钟以上。我们现代人制造的普通凹镜，直径一般不超过20厘米，反射能力和聚焦能力都比古代阳燧强得多，也要十几分钟才能将火柴点燃。神相李布衣能在眨眼之间点燃年不饶脸上的石油，用的或许是超大凹镜，采光面积有几十个平方米，摊平了能铺满一个大客厅。但是这样的凹镜很难携带，只能做成固定的太阳灶，不适合作为随身武器使用。

现代点火工具特别普及，火柴和打火机又便宜又好用，不需要再用凹镜来取火（奥运圣火除外），通常只用它做成灯具。例如孩子写作业时用的台灯，我们汽车上的前照灯，灯泡的后面都有一面凹镜。汽车前照灯的灯泡内含有近光和远光两个灯丝，近光灯丝设置在凹镜的焦点附近，远光灯丝设置在焦点之上，这样可以将灯泡向四周发散的光线通过凹镜反射成平行光，射到很远的地方去。

彩虹阵

仍然是《天威》第二部分第六章，李布衣与何道里再次对决。

何道里忽然一掌击在土上，轰然声中，地上裂了一个酒杯大小的洞，李布衣知这个洞口早已掘通，只是上面还结着实土。现今何道里一掌击破，不知此击是何用意？

却见土洞裂开不过转瞬时间，"哗"的一声，自地上冒出一股清澈的水泉，直喷至半空，再斜斜无力地撒洒开来。

飞鸟一见惊道："石油……"

李布衣道："不是——"他知道那只是地底一股无毒的温泉，在地壳冥气的压力下，一旦开了穴口，立即涌喷，尚未开口道破。只见一道七色虹桥，愈渐明显，奇彩流辉，彩气缤纷，霞光激舵。而这七道颜色又各自纵腾缠绕，化成彩凤飞龙一般，只不过盏茶光景，只见彩虹上下飞舞，左右起伏，目迷七色，金光祥霞、令李布衣、叶梦色、飞鸟、桔木、柳无烟皆目为之眩，神为之夺，意为之乱，心为之迷。

现刻他们眼中所见之美色，为平生未见之景，所谓"赤橙黄绿青蓝紫，谁持彩练当空舞"，何况七色互转，流辉闪彩，飞舞往来，又化作鱼龙曼衍，千形百态，彩姿异艳，奇丽无涛，煞是奇观。

枯木和柳无烟却受制于人，恨不得投身入那幻丽的色彩里，但也苦于无法行动；叶梦色和飞鸟则已先后举步，心中在想：这样一个美丽仙境，纵为它而生为它而死也不枉此生了！

其实李布衣也是这种想法，不过他心里同时还萌生了一个警告的意念：那是何道里摆布的诡计。

他想闭上眼睛，但眼皮却不听使唤，那六色幻彩何其之美，绝景幻异，旋灭旋生，李布衣实在无法闭上眼睛。

何道里聪明绝顶，打通地下温泉的喷射口，喷涌而出的水雾将阳光折射成一道七色彩虹。

古人早就知道，水雾能形成彩虹。沈括《梦溪笔谈》写得清楚："虹乃雨中日影也，日照雨则有之。"彩虹是雨水折射的日光之影，雨过天晴，阳光照在蒙蒙的雾气上，彩虹就出来了。

李布衣阳燧取火，源于光的反射；何道里制造彩虹，源于光的折射。我们知道，光在真空中、空气中、水中和其他介质中传播的速度是不一样的，一道光穿过不同的介质，传播方向会发生改变，从而使光线在两种不同介质的交界处发生偏折。

水雾是由无数小水珠组成的，每个小水珠都是一个透明球体，一道光从水珠球面的某一点射入，会折射到球面的另一点，再从这一点折射到其他点，最后从某一点穿过水珠，再次发生折射。在多次折射的过程中，阳光中不同波长的光波被分散开来，形成赤橙黄绿青蓝紫等多种颜色，彩虹出来了。打个比方说，每一颗小水珠都像是一个三棱镜，对白色的阳光进行色散，使每一道光线都出现一道从红色到紫色的连续光谱。

那么彩虹为什么会是弯的呢？因为水珠是球形的，水珠是球形，几乎每条光线的入射角都不相等。以人的眼睛为顶点，把所有与平行入射光线成 42.52° 彩虹角的光束连接起来，就形成了一个红色的圆锥体，这个圆锥底面的圆弧，就是我们肉眼可见的弯曲彩虹。

彩虹很美，如龙饮水，但它不像激光那样具备杀伤力。何道里打开温泉喷孔，制造人工彩虹，无非是为了吸引敌人的注意力而已。

闻其声不见其人

我们通常说的光，都是可见的电磁波，这种电磁波的速度非常快，但是长度却非常短。我们可以用尘埃的"埃"作为光波的长度单位，一个"埃"是 10^{-10} 米，即将 1 米缩短到一百亿分之一。紫光的波长在 4000 埃到 4500 埃之间，蓝光的波长在 4500 埃到 5200 埃之间，绿光的波长在 5200 埃到 5600 埃之间，黄光的波长在 5600 埃到 6000 埃之间，红光的波长在 6000 埃到 7600 埃之间。如果一种光波的波长比紫光还要短，或者比红光还要长，我们人类基本上看不见它，这种光被称为紫外光或者红外光。

高中物理上讲过波的衍射：当某种波的波长大于等于障碍物的宽度时，这种波可以绕过障碍物继续传播。光波波长太短，比任何一种宏观上的障碍物都要短得多，所以光线只能直线传播，一旦射在障碍物上，要么被吸收，要么被反射回来，无论如何绕不过去。

声音也是波，它的波长就长得多了。我们人类听得到的声音波长在 1.7 厘米到 17 米之间，与障碍物尺寸相当，所以声波可以绕过一般的障碍物。

《射雕英雄传》第十六回，郭靖被困桃花岛，在迷宫般的密林中迷迷糊糊睡着了，睡梦中听见黄药师的箫声。

　　睡到中夜，正梦到与黄蓉在北京游湖，共进美点，黄蓉低声唱曲，忽听得有人吹箫拍和，一惊醒来，箫声兀自萦绕耳际，他定了定神，一抬头，只见皓月中天，花香草气在黑夜中更加浓烈，箫声远远传来，却非梦境。

　　郭靖大喜，跟着箫声曲曲折折地走去，有时路径已断，但箫声仍是在前。

　　他在归云庄中曾走过这种盘旋往复的怪路，当下不理道路是否通行，只是跟随箫声，遇着无路可走时，就上树而行，果然越走箫声越是明彻。他愈走愈快，一转弯，眼前忽然出现了一片白色花丛，重重叠叠，月光下宛似一座白花堆成的小湖，白花之中有一块东西

空山不见人，
但闻人语响。

高高隆起。

　　这时那箫声忽高忽低，忽前忽后。他听着声音奔向东时，箫声忽焉在西，循声往北时，箫声倏尔在南发出，似乎有十多人伏在四周，此起彼伏地吹箫戏弄他一般。

　　箫声的声波长，绕过大树、花草、灌木、岩石和土堆，曲曲折折传入郭靖耳中。而从黄药师身上反射出的光波非常短，被丛林阻隔，无法进入郭靖的眼睛。所以呢，郭靖只能听见箫声，看不见吹箫的主人，这就是我们常说的"闻其声不见其人"。古诗云："空山不见人，但闻人语响。"也是因为声波比光波更容易绕过障碍物的缘故。

　　让别人听得见我们的声音，见不到我们的人，大家都可以做到，不足为奇。桃花岛主黄药师的神奇之处在于，他能让你搞不清他在哪个方向。

　　郭靖听见箫声从西侧发出，向西奔去，箫声却突然转移到了东面。等到郭靖掉头向东寻找时，箫声又转移到了北侧。仿佛黄药师可以身外化身，在四面八方同时出现了。

　　温瑞安笔下有一位江南奇侠方振眉，他赶赴长笑帮营救少侠郭傲白那次，也展现了一手可与黄药师相媲美的"移声"绝技。

　　郭傲白冷汗渗出，但斩钉截铁地道："姓方的，我技不如人，被你所擒，你要杀要剐，随你的便，休想唬人！"

　　方中平大笑，道："好，你肯跪下地去，叫我一声爷爷，我便让你死得痛快一点！"

忽然有一个声音也笑道："他确是好汉，你又何必强人所难呢？"

方中平猛地回首吆喝："是谁？"

那在旷地上的六七十名长笑帮帮徒，也不知声音响起何方，纷纷向前望望，向后面望望，又你望望我，我望望你的，但是一个可疑的人也没有。

方中平忽然收剑，剑一收即不见。郭傲白一见，正欲动手，但方中平反手一扣，竟已捏住郭傲白的脉门，向四周厉声道："朋友，你既来了，何不现身？"

只听那温和的声竟响自北方的一个角落，笑道："既已来了，又何必现身？"

那立于北方的七八名长笑帮帮徒，猛听自己这一群里竟发出了这样的声音，大吃一惊，纷纷四周探看，但却不知道谁在发话，再回过头来，看见总堂主，已盯着自己这边，一时三魂去了七魄，全身打起战抖来。

方中平盯着那七八名帮徒，只见他们已吓得面无人色，不似乔装混入。当下再欲试试到底是谁在说话，于是运足眼力，盯着北方，道："朋友，是否为这位郭兄弟而来？"

只听那个温和的声音，忽然响自南方，笑道："不错，未知方总堂主，可否成全？"

方中平霍然回头，盯向南方。位于南方的五六名长笑帮帮徒，一时觉得祸从天降，吓得半死。方中平暗忖来人能在他炬目下由北方而转向南方，功力之高，可以想见，当下目瞪南方，也笑道："阁下不妨现身，我把这位郭兄弟交给你。"

那声音温和得像春风，却响自西边："方总堂主若有诚意，放开郭少侠便行，在下又何须现身？"

方中平闪电一般反身，西方只有三名长笑帮徒，错愕十分，看着方中平，哭笑不得。方中平恨恨地道："好，你不出来，我不放人！"

那温和的声音一点也不动气，响自东面，笑道："是了，这才是你心里的话，我不出来，你不放人，我若出来，你就杀人了，是不是？"

方中平已不用再回头，便知道此人运用极深厚的内功，人可能尚在远处，却能用"绕梁三日"响自每一处。

我们人类用声带发声，声带的振动产生声波，声波使空气振动，振动的空气像水波一般一圈一圈荡漾开去，传递到其他人的耳膜上，耳膜随之振动，振动的频率和强度被听觉神经传递给大脑，大脑就听到了声音。

我们是怎样辨别声音来自何方的呢？很简单，靠一双耳朵。如果声源在我们的左侧，声波到达左耳的时间就会比到达右耳早一点点；如果声源在我们的右侧，声波到达右耳的时间就会比到达左耳早一点点；如果声源严格位于我们的正前方或者正后方，两耳同时接收到声波，那我们只能感觉到声音从前或者从后来，而分辨不出到底是在前还是在后。但是这种情形很难发生，因为我们出于本能会侧一下脑袋，使下一波声音在两耳之间形成一个时间差。两耳接收声波的时间差可能只有几微秒，人类意识完全觉察不到，不过听觉神经却能分辨出来，所以我们才能正确识别出声源的方向。

　　理论上讲，两耳之间的距离越大，声波抵达双耳的时间差就越大，我们对声源方向的感知就越明显。从这个角度看，脸大的人在识别声音上更占优势。

　　黄药师对郭靖吹箫，他的玉箫是一个声源；方振眉向方中平喊话，他的声带是一个声源。这两个声源并不能真的身外化身，它们的位置在每个时刻都是固定的，到底是怎样让别人识别不出真实方向的呢？

　　我们有理由相信，黄药师和方振眉都给自己加了一种特殊"外挂"，这种外挂在今天被称为"虚拟环绕立体声技术"，即用计算机编程来调整声音到达双耳的强度和时间差，让听者识别不出声源的方向，误以为四面八方都有声音发出来。

听风辨器与多普勒效应

我们在这个世界上生存，光识别声源的方向肯定是不够的，还要能识别出声源与我们的距离。比如说一队人马从后面向你冲来，你听见了喊杀声，也知道喊杀声就在后面，但却分辨不出喊杀声和你的距离是一公里还是一厘米，结局可想而知。

几乎所有的武林人物都会掌握一门辨别声音的本领，其中最高强的本领叫作"听风辨器"之术：通过声波和气流的微小变化，迅速判断出射向自己的暗器来自何方以及还有多远，再做出合理的应对之策。

《神雕侠侣》里的李莫愁、《雪山飞狐》中的袁紫衣、《笑傲江湖》里的令狐冲，都是听风辨器的高手。风清扬教令狐冲"独孤九剑"，其中"破箭式"尤其需要听风辨器："练这一剑时，须得先学听风辨器之术，不但要能以一柄长剑击开敌人发射来的种种暗器，还须借力反打，以敌人射来的暗器反射伤敌。"

谁是金庸群侠中最擅长听风辨器的人呢？应该是郭靖的授业恩师、江南七怪之首、江湖人称"飞天蝙蝠"的柯镇恶柯大侠。

柯镇恶早年与黑风双煞相斗，被打瞎了双眼，于是苦练以耳代目的本领，晚年终有大成。《射雕英雄传》第三十六回写道。

欧阳锋心想："你不走最好，这瞎子是死是活跟我有甚相干？"大踏步上前，伸手往柯镇恶胸口抓去。柯镇恶横过枪杆，挡在胸前。欧阳锋振臂一格，柯镇恶双臂发麻，胸口震得隐隐作痛，"呛啷"一声，铁枪杆直飞起来，戳破屋瓦，穿顶而出。

柯镇恶急忙后跃，人在半空尚未落地，领口一紧，身子已被欧阳锋提了起来。他久经大敌，虽处危境，心神不乱，左手微扬，两枚毒菱往敌人面门打去。欧阳锋料不到他竟有这门败中求胜的险招，相距既近，来势又急，实是难以闪避，当即身子后仰，乘势一甩，将柯镇恶的身子从头顶挥了出去。

柯镇恶从神像身后跃出时，面向庙门，被欧阳锋这么一抛，不由自主地穿门而出。这一掷劲力奇大，他身子反而抢在毒菱之前，两枚毒菱飞过欧阳锋头顶，紧跟着要钉在柯镇恶自己身上。黄蓉叫声："啊哟！"却见柯镇恶在空中身子稍侧，伸右手将两枚毒菱轻轻巧巧地接了过去，他这听风辨器之术实已练至化境，竟似比有目之人还更看得清楚。

欧阳锋喝了声彩，叫道："真有你的，柯瞎子，饶你去吧。"

你看，连西毒欧阳锋这种武学大宗师都对柯镇恶深表佩服，可见人家把听风辨器练到了何等出神入化的地步！《笑傲江湖》中不幸失明的林平之、左冷禅，《倚天屠龙记》中被暗器打瞎双眼的金毛狮王谢逊，由于眼盲，同样练过听风辨器，他们的武功或许超过柯镇恶，但在这门功夫上绝对要向柯老侠甘拜下风。

动物界中有一些异类，眼睛不好使，听力异常发达，不但能听到我们人类听不到的许多超短波声音，还能主动向外发射超声波，然后接收回波进行分析，判断出很远处物体的形状、大小、速度，识别出是敌是友还是食物。例如蝙蝠就有这种能力。柯镇恶号称飞天蝙蝠，但他毕竟不是蝙蝠。从金庸先生的描写来看，他只能察觉到运动中的物体，假如敌人屏住呼吸静止不动，他就没办法了。左冷禅和林平之等人也是如此，令狐冲躲在岩石上不动，他们就无法分辨出令狐冲的位置。由此可见，听风辨器并不是靠发射和回收超声波来实现的。

那么听风辨器的声学原理到底是什么呢？应该是"多普勒效应"。

何谓多普勒效应？即声波（或光波）会因为声源（或光源）和观测者的相对运动而不断变化。在相对运动的声源前面，声波被压缩，波长变得较短，频率变得较高；在相对运动的声源后面，声波被延伸，波长变得较长，频率变得较低。

举例言之。当小明开着车按着喇叭向小强驶来时，喇叭声的波长逐渐变短，频率越来越高，声调越来越尖利；当小明开着车按着喇叭驶向远方时，喇叭声的波长逐渐变长，频率越来越低，声调越来越柔软。

在日常生活中，我们靠双耳接收声波的时间差来识别声源的方向，靠多普勒效应来识别声源的距离。有了方向和距离，声源的位置就被确定了。柯镇恶的听风辨器之所以出神入化，必是因为他的听觉神经异常发达，大脑反应异常迅速，双耳的耳膜异常灵敏，常人听不出的波长变化和频率变化，他可以立即识别出来。

我们是凡夫俗子，练不成听风辨器，但可以借助科学仪器，将多普勒效应运用到得心应手的地步。

交警测速用的雷达测速仪利用了多普勒效应：向行进中的车辆发射

频率已知的电磁波，即时测出反射波的频率，根据反射波频率变化的多少就能算出车辆的速度。

医院里渐渐普及的超声脉冲多普勒检查仪也利用了多普勒效应：当红细胞流经心脏大血管时，表面散射的声波频率会发生改变，根据这种频率的偏移可以测出血流的方向和速度。

天文研究领域同样利用了多普勒效应：天文学家发现，从遥远星系发射到地球上的光谱频率有一种规律性的变化，距离我们越远的星系，光谱线朝红端偏移的幅度越明显。根据多普勒效应原理，可以证明这些星系在飞离我们而去，距离越远的星系飞离得越快，于是"宇宙膨胀"和"宇宙大爆炸"应运而生。

宇宙大爆炸理论认为，我们身处的这个宇宙最初只是一个小点，体积无限小，温度无限高，时间和空间都蕴含在里面。大约137亿年前，这个小点突然爆炸，在极短的时间内产生时间、空间、光子、电子、中子、原子、引力，然后又在30万年后逐渐形成恒星和行星。我们现在见到的所有元素，都是从那次大爆炸产生的。

宇宙膨胀理论认为，从大爆炸开始，整个宇宙一直在不断膨胀，它的体积越来越大，边界越来越远，任何两个星系都在彼此远离对方，而且远离的速度越来越快。

上述理论不一定符合事实，但却是目前为止最权威、最优美、最有解释力、最符合观测结果的假说。而这些假说之所以能提出来，归根结底还是因为人类发现了多普勒效应。

狮子吼

多普勒效应反映了声波（或光波）波长和频率的变化，但是声波的参数并不仅仅包括波长和频率，还包括声强、声压、声能量、声功率，等等。就像我们要全面了解一个人，除了知道他的姓名和年龄，还得知道他的身高、体重、出身、学历、职位、收入、性格、喜好……

先来解释一下声波的各项参数。

频率：声波在一秒时间内振动的次数，单位是赫兹。

波长：声波在一次振动中传播的距离，单位是埃（百亿分之一米）或者纳米（十亿分之一米）。

声能量：声波对介质（例如空气）做功，使介质振动产生的动能和势能，单位是焦耳。

声功率：声波在单位时间内对介质做功的效率，单位是瓦或者微瓦（千分之一瓦）。

声强：由于声波对介质做功，垂直于声传播方向的单位面积上平均产生的声能量，单位是瓦每平方米。

声压：由于声波对空气做功，增大了多少个大气压，单位是帕斯卡。

不同声源发出的声音，在各项参数上差别很大。我们以正常音调交谈，声波的频率是几十赫兹，声功率只有几个微瓦；而火箭发射时噪声的频率是一万多赫兹，声功率高达几千万瓦！

声音的威力不可小视，那些频率、声压、声强和声功率太大的声音，不但让人感觉不舒服，还有可能震破我们的耳膜，破坏我们的听力，影响我们的大脑和心脏，严重时可以致人死亡。

金毛狮王谢逊有一门"狮子吼"神功，是用大功率声波伤人于无形的例证。

> 谢逊截住他话头，说道："什么恶行善行，在我瞧来毫无分别。你们快撕下衣襟，紧紧塞在耳中，再用双手牢牢按住耳朵。如要性命，不可自误。"他这几句话说得声音极低，似乎生怕给旁人听见了。
>
> 张翠山和殷素素对望一眼，不知他是何用意，但听他说得郑重，想来其中必有缘故，于是依言撕下衣襟，塞入耳中，再以双手按耳。
>
> 突见谢逊张开大口，似乎纵声长啸，两人虽然听不见声音，但不约而同的身子一震，只见天鹰教、巨鲸帮、海沙派、神拳门各人一个个张口结舌，脸现错愕之色；跟着脸色变成痛苦难当，宛似全身在遭受苦刑；又过片刻，一个个先后倒地，不住扭曲滚动。
>
> 昆仑派高蒋二人大惊之下，当即盘膝闭目而坐，运内功和啸声相抗。二人额头上黄豆般的汗珠滚滚而下，脸上肌肉不住抽动，两人几次三番想伸手去按住耳朵，但伸到离耳数寸之处，终于又放了下来。突然间只见高蒋二人同时急跃而起，飞高丈许，直挺挺地摔将下来，便再也不动了。
>
> 谢逊闭口停啸，打个手势，令张殷二人取出耳中的布片，说道："这些人经我一啸，尽数晕去，性命是可以保住的，但醒过来后神

经错乱，成了疯子，再也想不起、说不出以往之事。张五侠，你的吩咐我做到了，王盘山岛上这一干人的性命，我都饶了。"

谢狮王一声长啸，让人永远失去了听力和神智，从此变成行尸走肉。神雕大侠杨过也擅长发出大功率声波。

　　杨过向郭襄打个手势，叫她用手指塞住双耳。郭襄不明其意，但依言按耳，只见他纵口长呼，龙吟般的啸声直上天际。郭襄虽已塞住了耳朵，仍然震得她心旌摇荡，如痴如醉，脚步站立不稳。幸好她自幼便修习父亲的玄门正宗内功，因此武功虽然尚浅，内功的根基却扎得甚为坚实，远胜于一般武林中的好手，听了杨过这么一啸，总算没有摔倒。
　　啸声悠悠不绝，只听得人人变色，群兽纷纷摔倒，接着西山十鬼、史氏兄弟先后跌倒，只有十余头大象、史叔刚和郭襄两人勉强直立。那神雕昂首环顾，甚有傲色。杨过心想这病夫内力不浅，我若再催啸声，硬生生将他摔倒，只怕他要受剧烈内伤，当下长袖一挥，住口停啸。过了片刻，众人和群兽才慢慢站起。豺狼等小兽竟有被他啸声震晕不醒的，雪地中遍地都是群兽吓出来的屎尿。群兽不等史氏兄弟呼喝，纷纷夹着尾巴逃入了树林深处，连回头瞧一眼也都不敢。

如此惊人的声音，人听了受不了，猛兽都被吓出屎来。
细心的读者朋友可能注意了一个细节：当谢逊和杨过长啸时，张无忌、殷素素、郭襄已经提前堵住了耳朵，可是依然"不约而同的身子一震"，或者"震得心旌摇荡，如痴如醉"。这是为什么呢？

原因有三。

第一，郭襄是用手指塞住双耳，张无忌和殷素素是用布片塞住双耳，手指和布片终归塞不紧，仍然有少量声波传入耳鼓，给他们带来较小的伤害。

第二，声波可以经过耳膜传导，也可以经过骨骼传导，功率强大的声波会让郭襄等人的骨骼产生共振，进而传递给大脑。

第三，声波的能量越强，对空气的振动越明显，大功率声波就像小型炸弹一样冲击着空气，产生的气浪拍打在人们身上，即使耳朵听不见，身体一样可以感觉到震动。

说起声波的能量，我们可以拿《三国演义》里的张飞举例子。张飞横马立矛，独挡曹操百万大军，在当阳桥头一声高喊，大桥震断；两声高喊，河水倒流；三声高喊，吓得曹军大将夏侯杰肝胆俱裂，当场"挂掉"。与谢逊狮子吼相比，张飞发出的声波功率更大，能量更强，威力更惊人。已故波兰物理学家巴克斯（Bücks）曾经用大功率声波做过实验，成功悬浮起容器中直径两毫米左右的小水滴，为张飞两声高喊使河水倒流的壮观景象提供了一个科学上的注脚。

读者诸君可能还会提出一个问题：张飞、杨过、谢逊也是人，他们发出的声波怎么只对别人产生危害，他们自己却没事呢？

首先当然是因为他们内力高深，神功护体，扛得住大功率声波。例如《射雕英雄传》中黄药师用箫声去斗欧阳锋的铁筝，两人势均力敌，均未受伤，而功力较弱的黄蓉和欧阳克就受不了，必须把耳朵堵起来。

　　其次，我们可以从生活经验上来给出解释：谢逊等人早就习惯了自己发出的强大噪声，不会产生不适感，就像那些习惯于在公共场所大声吵闹的人，自己才不会觉得吵呢！

传音入密

武侠世界另有一门奇功，可以严格控制声波的传播方向，使其只被特定的人感知，其他人虽然离得很近，但却完全听不到。

众所周知，这门奇功叫作"传音入密"，四大恶人的老大段延庆比较擅长这门功夫。

例如《天龙八部》第三十一回。

> 虚竹心下起疑："他为什么忽然高兴？难道我这一着下错了么？"但随即转念："管他下对下错，只要我和他应对到十着以上，显得我下棋也有若干分寸，不是胡乱搅局，侮辱他的先师，他就不会见怪了。"待苏星河应了黑子后，依着暗中相助之人的指示，又下一着白子。他一面下棋，一面留神察看，是否师伯祖在暗加指示，但看玄难神情焦急，却是不像，何况他始终没有开口。
>
> 钻入他耳中的声音，显然是"传音入密"的上乘内功，说话者以深厚内力，将说的话送入他一人的耳中，旁人即使靠在他的身边，亦无法听闻。

段延庆帮虚竹下棋作弊，不想被别人发现，故此施展传音入密之术向虚竹传达指示。

再如同书第四十八回。

段誉叫道："妈妈……"突觉背上微微一麻，跟着腰间、腿上、肩膀几处大穴都给人点中了。一个细细的声音传入耳中："我是你的父亲段延庆，为了顾全镇南王的颜面，我此刻是以'传音入密'之术与你说话。你母亲的话，你都听见了？"

段夫人向儿子所说的最后两段话，声音虽轻，但其时段延庆身上迷毒已解，内劲恢复，已一一听在耳中，知道段夫人已向儿子泄露了他出身的秘密。

段誉叫道："我没听见，我没听见！我只要我自己的爹爹、妈妈。"他说我只要自己的"爹爹、妈妈"，其实便是承认已听到了母亲的话。

段延庆大怒，说道："难道你不认我？"段誉叫道："不认，不认！我不相信，我不相信！"段延庆低声道："此刻你性命在我手中，要杀你易如反掌。何况你确是我的儿子，你不认生身之父，岂非大大的不孝？"

段誉无言可答，明知母亲的说话不假，但二十余年来叫段正淳为爹爹，他对自己一直慈爱有加，怎忍去认一个毫不相干的人为父？何况父母之死，可说是为段延庆所害，要自己认仇为父，更是万万不可。他咬牙道："你要杀便杀，我可永远不会认你。"

段延庆拍开了他被封的穴道，仍以"传音入密"之术说道："我不杀我自己的儿子！你既不认我，大可用六脉神剑来杀我，为段正淳和你母亲报仇。"说着挺起了胸膛，静候段誉下手。

按照常理，段延庆作为一个声源，他发出的声波会通过空气的振动向四面八方同时传播，附近每个人都会听到他说的话，除非事先被他刺穿了耳膜。但是这位段延庆绝非常人，他少年时受了重伤，声带严重受损，无法正常发声，后来居然练成了"腹语术"！

现代魔术师以及那些号称拥有特异功能的人士，也会表演腹语术，但那只是戏法和障眼法，并非真的用肚子说话。段延庆则不同，他的声音真是从腹部发出来的。

不但如此，段延庆的"腹语"应该还能发出频率极高的超声波，因为只有超声波才符合传音入密的特征，才能像激光那样只朝一个方向传播，中途不扩展，不发散，不会被无关的吃瓜群众窃听到。

人类声带每秒可以振动 300 次到 3000 次。换言之，我们只能发出300 赫兹到 3000 赫兹的声音。超过这个频率范围，我们发不出来。

人类耳膜每秒可以振动 20 次到 20 000 次。换言之，我们只能听到20 赫兹到 20 000 赫兹的声音。超过这个频率范围，我们听不见。

可是自然界中广泛存在着我们无法发出和无法听见的声音，其中低于 20 赫兹的声波被我们称为次声波，超过 20 000 赫兹的声波被我们称为超声波。

人类的声带发不出超声波，人类的耳朵听不见超声波，普通人想要传音入密，必须借助超声波发生器和超声波接收器。段延庆有腹语术，不靠超声波发生器就能发出超声波，但是虚竹和他的私生子段誉却必须安装一台超声波接收器，否则传音入密将失去听众。

第五章

电场、磁场、气场

琥珀神剑

说起江湖女侠，大家都会想到黄蓉、郭襄、小龙女、任盈盈，很少有人能想起"毛文琪"这个名字。

毛文琪是古龙笔下的女侠，是古龙在《湘妃剑》里塑造的角色。与其他江湖女侠一样，她漂亮、聪明、古灵精怪，武功高强。但跟其他江湖女侠不一样的是，她的武功要靠一把宝剑才能发挥出来，一旦离开那把剑，她未必打得过江湖上的三流高手。

古龙是这样描述她那把宝剑的。

石磷看着毛文琪身后的剑，却没有看到缪文笑容的勉强。

毛文琪身后背着的剑，难怪石磷会留意，因为那的确奇怪得很，剑鞘非金非铁，却像是一大块连缀在一起的猫皮所制，用猫皮做剑鞘的剑，天下恐怕只有这一柄吧。

别人的剑鞘用金属锻造，或者用竹木雕刻，讲究生活品位但不注重生态保护的侠客会用鲨鱼皮做鞘，而毛文琪小姐的剑鞘竟然是用"一大块连缀在一起的猫皮"做成的！

毛小姐干吗用猫皮做剑鞘？难道她恨猫？难道她喜欢杀猫？难道她

跟 YouTube 上那帮直播杀猫视频的"变态"是站在同一战线的战友吗？

答案隐藏在《湘妃剑》第五回。

河塑双剑身形一退，两人并肩而立，倏地又飞掠上前，剑光并起，宛如两条经天长龙，交尾而下。汪一鹏的剑光自左而右，汪一鸣自右而左，"刷刷"两剑，剑尾带着颤动的寒芒，直取毛文琪。名家身手，果自不凡。石磷暗赞："好剑法。"

毛文琪动也不动。这两剑果然是虚招，剑到中途，倏然变了个方向，在空中画了个半圈，直取毛文琪的咽喉、下腹。

这两剑同时变招，同时出招，不差毫厘，配合得天衣无缝。汪一鹏右手已断，左手运用起剑来，却更见狠辣。原来这兄弟两人，这些年来竟苦练成了"两仪剑法"，两人联手攻敌，威力何止增了一倍。

毛文琪轻笑一声，脚步微错间，人已溜开三尺，手一动。众人只见眼前红光一闪，眼睛却不禁眨了一下，毛文琪已拔出剑来。

剑光不是寻常的青蓝色，而是一种近于珊瑚般的红色，发出惊人的光，剑身上竟似还带着些火花，竟不知是什么打就的。

此剑一出，所有的人都吃了一惊。石磷久走江湖，可也看不出这剑的来路，缪文更是眼睛瞬也不瞬地盯在这柄剑上。

汪氏昆仲是使剑的名家，平日看过的剑，何止千数，此刻亦是面容一变，剑光暴涨，两剑各画了个极大的半圈，倏地中心刺出，剑尾被他们的真力所震，嗡嗡作响，突又化成十数个极小的剑圈一点，袭向毛文琪。正是"两仪剑法"里的绝招"日月争辉"，也正是"河朔双剑"功力之所聚。

胡之辉躺在地上，眼睛虽睁开，却看不见他们的动手。原来他的头倒下去时是侧向另一面，此刻因身子不能动弹，头更无法转过去，此时急得跟屠夫刀下的肥猪似的，却也没有办法。

毛文琪笑容未变，掌中剑红光暴长，向河朔双剑的剑光迎了上去。河朔双剑只觉掌中剑突然遇着一股极强的吸力，自己竟把持不住，硬要向人家剑上贴去，毛文琪娇笑喝道："拿来。"满天光雨中，人影乍分，河朔双剑"刷"的同时后退，手中空空，两眼发直，吃惊地望着对方。

毛文琪笑容更媚，手臂平伸了出来。汪氏昆仲的两柄青钢长剑，此刻竟被吸在她那柄异红色的长剑上。

她将剑一挥，汪氏昆仲的双剑，倏地飞了出去，远远落入湖水里。众人不禁骇然，这种功力简直匪夷所思，神乎其玄了。

毛文琪的剑鞘古怪，剑更古怪，竟然是用一大块琥珀雕刻而成的（所以被称为"琥珀神剑"），坚硬、锋利，剑体通红，远看像一道闪电，近看像一枝珊瑚，仿佛这把剑刚刚出炉、尚未淬火，兀自迸散着耀眼的火花、散发着滚烫的热气。

这把剑出鞘以后，有一股强烈的吸力，能将敌人的兵器吸附过来。在《湘妃剑》一书中，好多武功比毛文琪强得多的高手都吃了这把剑的亏，一跟毛文琪交手，兵器不翼而飞，只能落荒而逃。

这本书是武侠物理学，旨在探讨江湖世界的物理规律，揭秘神奇武功的科学原理。根据刚才的描述，相信绝大多数学过中学物理的读者已经猜到了，这把古怪宝剑很可能与摩擦起电有关。

是的，中学物理课上学到过，当我们用丝绸摩擦玻璃棒，或者用毛发摩擦琥珀的时候，玻璃棒和琥珀因为失去一些电子而带有正电，丝绸和毛发会因为得到一些电子而带有负电。然后我们用玻璃棒和琥珀去靠近一些轻小的物体，物体就会在静电的作用下被吸附上去。

毛文琪的剑鞘用猫皮缝制，剑身用琥珀雕刻，每次她拔剑而出，猫皮都会摩擦琥珀，然后猫皮带负电荷，琥珀带正电荷。在不接触其他物体的时候，这些电荷并不运动，处于静止状态，故此称为"静电"。毛文琪用她这把带有静电的宝剑去靠近敌人不带静电的兵器，由于静电感应，敌人的兵器就会被吸附到她的剑上。

当然，通过摩擦产生的电荷数量太少，电荷间的作用力太小，只能吸附特别轻小的物体，例如东方不败的绣花针、小龙女的头皮屑之类，倘若将一把刀或者一根狼牙棒递上去，肯定是吸不住的。但是我们必须要考虑到内力的影响——毛文琪可以用内力增加静电力，达到夺人兵器的效果。

《湘妃剑》第四十四回，古龙明确说明了这一点。

　　长剑展处，一溜大红色的光芒直刺仇恕。

　　仇恕早已领教过她这柄"琥珀神剑"的妙用，此刻心里也不免有些惊慌，他虽然闪身避开，怎奈慕容惜生已不能移动。

　　刹那之间，剑光已至。仇恕无暇思索，真力贯注，举起掌中竹剑，挥剑迎了过去，清风剑朱白羽失声道："完了。"

　　哪知两剑相交处，毛文琪掌中的琥珀神剑，竟被仇恕剑上的真力，震得脱手飞起。

　　朱白羽以及四下群豪，俱都一惊，就仇恕与毛文琪自己，也惊得愣在当地，只因仇恕自己也未想到，这竹剑会有如此威力。只有慕容惜生在心中暗暗叹息："看来天道循环，当真报应不爽，师父曾经说过，这'琥珀神剑'的妙用，唯有以湘妃竹制成的竹剑可破，而今日仇恕竟真的被迫得使用了竹剑，这岂非是冥冥中的主宰，特意将事情安排得这样？"

这道理在那时的确不可解释，但如今你只要稍为懂得一些物理的常识，便可解释这神奇的事！

　　原来那琥珀剑的剑鞘中，衬有一层猫皮，而猫皮与琥珀摩擦，便可生电。屠龙仙子无意中发现了这情况，便练成一种可以将电在琥珀上保留许久仍不发散的内力，普通刀剑触电之后，持剑人自然难免为之一震，那情况也正和被闪电所击相似。

　　而竹木却是"绝缘物体"，与电绝缘——这种物理科学上的微妙关系，在当时自然要被视为神话。

　　经过摩擦带上静电的琥珀一旦与金属导体接触，火花一闪，电荷立刻全部转移，物理学上称为"放电"。照此原理，毛文琪的琥珀剑只能使用一次，如果想再次吸附敌人兵刃，必须回剑入鞘，再拔一次，使琥珀与猫皮再来一次摩擦起电。为了解决这个问题，毛文琪的授业恩师屠龙仙子"便练成一种可以将电在琥珀上保留许久仍不发散的内力"。既然内力能有如此功效，用内力来增大静电力又有什么稀奇呢？

用爱发电

　　从量子角度观察，摩擦起电与电子受到原子核的引力较小有关。

　　我们知道，所有宏观物体都是由原子组成的，而原子是由质子、中子和电子组成的。质子和中子紧密束缚在一起，构成致密的原子核。电子按某种规律在原子核附近不断出现，形成电子云。当我们用一个物体摩擦另一个物体的时候，受原子核引力较小的电子会逃离出来，从一个物体转移到另一个物体，让失去电子的一方带正电，让得到电子的一方带负电。

　　但并不是所有的物体摩擦都能起电，例如人体之间的摩擦就不行。

　　杰森·斯坦森主演过系列大片《怒火攻心》，其中第二部大片《高压电》中他所饰演的角色心脏被取走，取而代之的是一个用电池供应能源的心脏起搏器，需要不断为它提供稳定的电量，它才能正常运转。电影演到一半，心脏起搏器没电了，医生遥控指挥，让他与人摩擦起电。于是这哥们儿与其女友在唐人街上演了一场万人围观的摩擦戏，为心脏起搏器补充了一些电能。

　　事实上，必须是两种不同的物质在与外界绝缘的条件下相互摩擦才能起电。杰森·斯坦森所饰演的角色及其女友都是碳水化合物构成的有机体，属于同种物质，摩擦时不会有电子转移。假如他们摩擦时穿着化纤衣服，并且在摩擦过程中没有出汗的话，干燥的皮肤倒是会带上静电，但是自己就可以完成这个摩擦过程，不需要两个人合作。更关键的是，衣服与皮肤摩擦时产生的电荷太少，反复摩擦千万次所产生的电量都不能点亮一只灯泡，怎么能让心脏起搏器保持运转呢？所以看电影时千万不能较真。

记得以前有一部超好玩的港产片《东成西就》，少年黄药师与师妹一起练剑，有这么一段对白。

> 小师妹："师兄，练这套眉来眼去剑好累，还是不要练啦。"
>
> 黄药师："每一招刺出去都要眉来眼去的，的确很伤神，不如我们改练情意绵绵刀吧。"
>
> 小师妹："情意绵绵刀啊，我怕你把持不住耶！你还记不记得，那天晚上我们在山上，练那套干柴烈火掌的时候，你好讨厌哦！要不是我极力挣扎的话，恐怕已经铸成大错了。"
>
> 黄药师："你要搞清楚哦，那天晚上极力挣扎的可是我！"

眉来眼去剑、情意绵绵刀、干柴烈火掌，这几门奇功具体怎么练，我们不得而知，但是仅从名字上就能看出，这些功夫一定与男女之爱有关。男女之爱会有摩擦，摩擦会起电，电量越多，内力就越强，这大概就是武林中所谓"双修"的物理逻辑吧？

用爱可以发电吗？当然不能。我们在生活中说谁和谁在一起比较"来电"，那仅是比喻而已，并不是说两个人之间真的有电流通过。

至少到今天为止，人类掌握的所有发电技术，无论是火力发电、水力发电、风力发电，还是很多朋友极力反对的核能发电，都根源于物理学上的"电磁感应"：当导体在磁场中运动时，导体内会有电流产生。简单说，水力发电是用水力让导体在磁场中运动产生电流，风力发电是用风力让导体在磁场中运动产生电流，而火力和核能发电都是用热能将水烧开，产生蒸汽，再用蒸汽驱动导体在磁场上运动来发电的。

如果将内力当作电能，将修炼内功当作一个发电过程，那么你会发现武侠世界的发电方式与我们现实世界几乎是完全一样的。

还记得少年郭靖初学内功时的感受吧。

> 韩小莹道："你不知道这是内功吗？"
>
> 郭靖道："弟子真的不知道什么叫作内功。他教我坐着慢慢透气，心里别想什么东西，只想着肚子里一股气怎样上下行走。从前不行，近来身体里头真的好像有一只热烘烘的小耗子钻来钻去，好玩得很。"
>
> 六怪又惊又喜，心想这傻小子竟练到了这个境界，实在不易。

我们可以把郭靖的肚子当成一个磁场，将那只"热烘烘的小耗子"当成一个闭合线圈，小耗子在肚子里钻来钻去，就相当于闭合线圈在磁场中转动。一圈，两圈，三圈……线圈越转越快，线圈中通过的交变电流越来越强。郭靖将这些交流电储存到丹田位置，随时可以放电伤人。

《射雕英雄传》第二十八回，郭靖偷窥过铁掌帮主裘千仞练功。

> 走到临近，见是一座五开间的石屋，灯火从东西两厢透出，两

人掩到西厢，只见室内一只大炉中燃了红炭，煮着热气腾腾的一镬东西，镬旁两个黑衣小童，一个使劲推拉风箱，另一个用铁铲翻炒镬中之物，听这沙沙之声，所炒的似是铁砂。一个老头闭目盘膝坐在锅前，对着锅中腾上来的热气缓吐深吸。这老头身披黄葛短衫，正是裘千仞。只见他呼吸了一阵，头上冒出腾腾热气，随即高举双手，十根手指上也微有热气袅袅而上，忽地站起身来，双手猛插入镬。那拉风箱的小童本已满头大汗，此时更是全力拉扯。裘千仞忍热让双掌在铁砂中熬炼，隔了好一刻，这才拔掌。

他用滚烫的铁砂对双手加热，并深深吸入大量蒸汽，走的是火力发电的路子。

《神雕侠侣》第二十六回，杨过被神雕赶进山洪之中练功。

杨过伸剑挡架，却被它这一扑之力推回溪心，扑通一声，跌入了山洪。

他双足站上溪底巨石，水已没顶，一大股水冲进了口中。若是运气将大口水逼出，那么内息上升，足底必虚，当下凝气守中，双足稳稳站定，不再呼吸，过了一会儿，双足一撑，跃起半空，口中一条水箭激射而出，随即又沉下溪心，让山洪从头顶轰隆轰隆地冲过，身子便如中流砥柱般在水中屹立不动。

杨过任凭山洪冲过身体，十余天后功力大进，走的是水力发电的路子。

逍遥子给虚竹充电

杨过用水力发电，裘千仞用火力发电，黄药师与师妹摩擦起电，都是自己动手、丰衣足食的正路。武侠世界中还有一些不走正路的家伙，自己不发电，让别人给他充电。

《天龙八部》中的虚竹就是靠充电才拥有逍遥派内功的。

> 那人哈哈一笑，突然身形拔起，在半空中一个筋斗，头上所戴方巾飞入屋角，左足在屋梁上一撑，头下脚上地倒落下来，脑袋顶在虚竹的头顶，两人天灵盖和天灵盖相接。
>
> 虚竹惊道："你……你干什么？"用力摇头，想要将那人摇落。但这人的头顶便如用钉子钉住了虚竹的脑门一般，不论如何摇晃，始终摇他不脱。虚竹脑袋摇向东，那人身体飘向东，虚竹摇向西，那人跟着飘向西，两人连体，摇晃不已。
>
> 虚竹更是惶恐，伸出双手，左手急推，右手狠拉，要将他推拉下来。但一推之下，便觉自己手臂上软绵绵的没半点力道，心中大急："中了他的邪法之后，别说武功全失，看来连穿衣吃饭也没半分力气了，从此成了个全身瘫痪的废人，那便如何是好？"惊怖失措，纵声大呼，突觉顶门上"百会穴"中有细细一缕热气冲入脑来，嘴

里再也叫不出声，心道："不好，我命休矣！"只觉脑海中越来越热，霎时间头昏脑涨，脑壳如要炸将开来一般，这热气一路向下流去，过不片时，再也忍耐不住，昏晕了过去。

只觉得全身轻飘飘地，便如腾云驾雾，上天遨游；忽然间身上冰凉，似乎潜入了碧海深处，与群鱼嬉戏；一时在寺中读经，一时又在苦练武功，但练来练去始终不成。正焦急间，忽觉天下大雨，点点滴滴地落在身上，雨点却是热的。

这时头脑却也渐渐清醒了，他睁开眼来，只见那老者满身满脸大汗淋漓，不住滴向他的身上，而他面颊、头颈、发根各处，仍是有汗水源源渗出。虚竹发觉自己横卧于地，那老者坐在身旁，两人相连的头顶早已分开。

逍遥子内力深厚，相当于一台以生物能或者化学能方式储存大量电能的蓄电池。他将内力渡入虚竹体内，相当于给虚竹充电。充电是需要接口的，逍遥子头上脚下，头顶抵住虚竹的头顶，相当于接上充电插头。

充电是做功的过程，蓄电池通过做功，将化学能转化为电能。在这个过程中，电路板上的元件会产生热量，如果缺乏有效的散热设备，电路板会随着充电时间的增加而持续升温，所以虚竹"只觉脑海越来越热"。

蓄电池分为许多种类。

按工作性质和贮存方式划分，电池分为"原电池"和"可充电池"。原电池又叫"一次性电池"，电量耗完就不能再用了。可充电池又叫"二次电池"，放完电还能再充。虚竹、逍遥子、段誉、杨过、郭靖、令狐冲，以及江湖上其他人物，内力耗得差不多的时候，再练一练还能补回来，基本上都是可充电池。

　　按贮能材料划分，常见电池包括老式的铅酸电池、新式的锂电池，以及最常见的一次性干电池锌锰电池。铅酸电池可以储存较多的电能，成本低廉，但是充电过程中更容易发热，一旦放电过度，还可能出现电解液泄露的现象。逍遥子年纪很大，很像老式的铅酸电池，而他将毕生功力输入到虚竹体内，更像是过度放电。所以到了最后，他"满身满脸大汗淋漓"，"面颊、头颈、发根各处，仍是有汗水源源渗出"，说明电解液开始泄露了。

　　铅酸电池过度放电的后果比较严重，电池内部极板形成较大的硫酸铅颗粒，充电时很难置换，会造成充电困难，影响电池容量恢复。用大白话来讲，这组电池差不多等于报废了。逍遥子给虚竹充完电，油尽灯枯，真就报废了。如果他那个武功高强的师妹天山童姥在场，马上运用高深内力对他进行深充电与深放电，或许可以修复电池容量，救他一命。可惜天山童姥远在万里，虚竹又年轻识浅，不懂得如何施救，一代怪杰逍遥子老爷子很快撒手人寰。

吸星大法的隐患

　　平心而论，虚竹事先并不知道逍遥子要给他充电，更不知道逍遥子充完电后会一命归西。如果知道，虚竹一定拼命阻拦，因为他天生一副菩萨心肠，从来不干损人利己的事情。

　　《笑傲江湖》里的任我行刚好相反，用"吸星大法"强行吸取别人内力，恬不知耻地据为己有，还不付钱。打个比方说，任我行就像一个偷电的窃贼。

　　我们通常说的"偷电"，指的是某些人偷偷将自家电线接到公用线路上，不装电表，不交电费，无偿用电，给电力部门造成损失。任我行不是这样偷电的，他自带充电插头，一有机会就强行连接别人的蓄电池，将电流输入到自己一端，省去了自己发电的时间和成本。

　　但是天下没有免费的午餐，因为多次吸取别人内力，任我行最后走火入魔了。

　　电学上有一个"电容击穿"的说法，与走火入魔比较像。将两块金属板尽可能靠近，中间用空气隔绝，给一块金属板充电，另一块金属板自然会产生等量的异种电荷，这样就做成了一个电容（capacitor）。如果给一块金属板充电太多，强大的电流会从中间的空气中穿过，形成高压电弧，将金属板击穿。

但是内功上的走火入魔应该不等于电容击穿——电容不能容纳过多的能量，也不能像高手发功那样多次放电，两块金属板只要有导体连通，蓄积的异种电荷马上中和，只能放这么一次电。

武侠小说中有"以物传劲"和"飞花摘叶"的桥段。例如小明将一部分内力传到一张纸上，小强去拿这张纸，手指刚碰到纸边，马上像触电一样浑身酸麻。或者一个暗器名家将内力注入树叶之上，轻轻一甩，树叶可以嵌入坚固的树身，如果你再去拔这片树叶，会发现它与别的树叶没什么两样。用电学来解释，以物传劲和飞花摘叶其实都是将一个物体改装成简易的电容，随即用内力对电容充电，这些电容再接触到导体，例如手指或者树干，会立刻将蓄积的电量全部放完，对人和物体造成伤害。

任我行不是一只电容，他是一组电池。至于他究竟是老式的铅酸电池，还是新式的锂电池，那都不重要，反正不管什么电池，都有一定的寿命。特别是较早的镍镉电池和镍氢电池（传统手机上装配的大多是这种电池），寿命很短，频繁充电、过度充电、过度放电或者外界温度过高，都能使其报废，甚至爆炸。任我行频繁吸取别人内力，体内的"异种真气"数量一直居高不下，就像一块频繁充电、过度充电的电池，时间长了，必然走火入魔。

虚竹的结拜兄弟段誉无意中练成"北冥神功"，像任我行一样吸取别人内力，也遭遇过走火入魔的经历。

　　保定帝推门进去，只见段誉在房中手舞足蹈，将桌子、椅子，以及各种器皿陈设、文房玩物乱推乱摔。两名太医东闪西避，十分狼狈。保定帝叫道："誉儿，你怎么了？"

段誉神智却仍清醒，只是体内真气内力太盛，便似要逆破胸腔冲将出来一般，若是挥动手足，掷破一些东西，便略略舒服一些。他见保定帝进来，叫道："伯父，我要死了！"双手在空中乱挥圈子。

刀白凤站在一旁，只是垂泪，说道："大哥，誉儿今日早晨还好端端地送他爹出城，不知如何，突然发起疯来。"保定帝安慰道："弟妹不必惊慌，定是在万劫谷所中的毒未清，不难医治。"向段誉道："觉得怎样？"

段誉不住地顿足，叫道："侄儿全身肿了起来，难受至极。"

保定帝瞧他脸面与手上皮肤，一无异状，半点也不肿胀，这话显是神智迷糊了，不由得皱起了眉头。

原来段誉昨晚在万劫谷中得了五个高手的一半内力，当时也还不觉得如何，送别父亲后睡了一觉，睡梦中真气失了导引，登时乱走乱闯起来。他跳起身来，展开"凌波微步"走动，越走越快，真气鼓荡，更是不可抑制，当即大声号叫，惊动了旁人。

段誉没有任我行贪心，他只是吸了"五个高手的一半内力"，并没有频繁充电和过度充电，为什么走火入魔呢？原因在于他没有受过基本训练，只会吸取内力，不会输出内力，好比一块电池只充电，不放电，长期满电存放，会降低使用寿命，甚至还会报废。

就拿现在电动汽车和电动自行车中常用的锂电池来说吧，如果充满电而搁置不用，电池内的晶体一直处于高度活跃的状态，会降低电池容量，缩短电池寿命，有时还会让电池鼓包。段誉感觉全身肿胀、难受至极，说明他这块电池正在鼓包。幸亏他的伯父保定帝教会他内力运行的小窍门，帮他放了一些电，否则后果不堪设想。

段誉走火入魔的故事告诉我们，电动车如果搁置不用，一定不要充满电，最好运行一段距离，让电池里的电量降低到三分之二左右，再长期存放就安全了。

隔空放电

如果说修炼内力就是发电，吸收内力就是充电的话，那么江湖儿女身上多半装有"整流器"（rectifier）。

整流器由真空管、引燃管和大功率二极管制成，它可以将交流电转化成直流电。

我们再回顾一下郭靖修炼内力的画面：肚子里有一股气上下游走，好像有一只小耗子钻来钻去。郭靖的肚子相当于磁场，那一股如同小耗子似的"气"相当于闭合线圈，闭合线圈在磁场中运动，产生源源不绝的交流电。由此推测，修炼出来的内力属于交流电。

交流电在远程传输上特别节省成本，但是却不能直接输入电池。因为电池有固定的正极和负极，给电池充电时，必须将电源的正极连通电池的负极，将电源的负极连通电池的正极，形成回路，电流才能进入电池，变成化学能储存起来。而交流电正负极是不断变化的（每秒钟变化几十次），怎么给电池充电呢？只有先将交流电源与整流器连接起来，将交流电转化成直流电，然后才可以为电池充电。当逍遥子给虚竹充电的时候，当任我行和段誉吸收别人内力的时候，肯定都加了整流器这个"外挂"，否则既不能为别人充电，也不能为自己充电。

武林高手加"外挂"是很正常的。我们看武侠电影，打武侠游戏，那打斗画面总是很科幻：敌我双方隔着几丈，这边打出一掌，那边能看到彩虹般的掌力划空而过；那边劈出一剑，这边能看到闪电般的剑气扑面而来。我的手掌并没有拍到你身上，你的宝剑也没有砍到我身上，可是掌力和剑气却能杀伤彼此。究其原理，正是因为咱们都加了一种特殊"外挂"：特斯拉线圈。

特斯拉线圈当然是特斯拉发明的。特斯拉全名尼古拉·特斯拉（Nikola Tesla），是塞尔维亚裔美籍科学家，人类历史上最具传奇色彩的电气工程师，百年不遇的发明高手，不世出的伟大天才。他生于1856年，大约比《鹿鼎记》的主人公韦小宝晚一百多年，比《雪山飞狐》的主人公胡斐晚两百多年。据说他发明了无线电（一说由意大利人马可尼发明），发现了X射线（一说由德国人伦琴发现），制造了涡轮发动机，早年为爱迪生公司做出巨大贡献，晚年致力于全球无线输电技术。他可以用一个自制的小型共振器让一幢大楼自动倒塌，可以凭一己之力制造和把玩威力惊人的球形闪电。据说他还隔着半个地球远程操控了1908年震惊世界的通古斯大爆炸，其爆炸威力相当于1000万吨TNT炸药，是三十多年后日本广岛原子弹爆炸能量的上千倍……

关于特斯拉的传说真真假假，众说纷纭，需要科学史工作者去慢慢厘清。我们今天只说他发明的特斯拉线圈，因为这是世界公认的真实发明，也是今天稍有电学知识的我们可以在电工指导下动手去复现的一项发明。

简单说，特斯拉线圈就是一种使用共振原理运作的高频串联变压器和放电设备，由一个变压器、一个打火器、两个电容器和两组线圈构成。变压器将220伏的普通照明电压升高到几百万伏。升压后的高压电流给电容充电，当电容的两极电压达到可以击穿打火器缝隙的极限值时，立即给打火器点火，此时电容阵与主线圈形成回路，产生高频电磁波，将能量传递到次级线圈，最终产生频率很高的高压电流，在放电末端产生人工闪电。

让灯泡靠近特斯拉线圈，灯泡会被自动点亮。让导线靠近特斯拉线圈，导线与特斯拉线圈的放电末端之间会自动产生一道耀眼的电弧。所谓电弧，其实是空气在强电场作用下形成的无线放电通道。通常情况下，空气中极少含有带电粒子，标准条件下每立方厘米的空气中仅有1000对正负离子。当外加一个电场时，带电的粒子在电场中做定向运动，难免与其他的粒子发生碰撞。如果由于碰撞转化的动能足以使被撞的粒子发生电离，就可以得到一对新的带电粒子。这样的电离过程在外电场大到一定程度时发生连锁反应，电子数目如雪崩般增加，空气被充分电离。被电离的空气是一种导体，于是便形成了相当可观的放电电流。由于存在一个带电粒子不断产生和消失的过程，伴随着原子不断地处于激励状态然后跃迁释放光子，宏观上来看就是明亮的弧光和"嗞嗞"作响的火花。

由此可见，如果两个高手在真空状态下对决，无论他们携带的特斯拉线圈有多么强大，无论他们的掌力和剑气有多么惊人，两人之间都不会出现电弧。

一阳指

　　一阳指是金庸先生在《天龙八部》中塑造的功夫，大理段氏的独门武功，一种极高明的点穴功夫。发功者用一根手指点在你的穴位上，可以给你输送内力，也能让你吐血身亡。后来段誉练成的六脉神剑可以说是这门功夫的升级版，隔空发力，凌空点穴，一指点出，剑气射出，相隔十步之遥，照样取人性命。

　　咱们来看一个打斗场面。

　　保定帝道："尊驾不肯让道，在下无礼莫怪。"侧身从青袍客左侧闪过，右掌斜起，按住巨石，正要运动推动，只见青袍客从腋下伸出一根细细的铁杖，点向自己"缺盆穴"。铁杖伸到离他身子尺许之处便即停住，不住颤动，保定帝只需劲力一发，铁杖点将过来，那便无可闪避。保定帝心中一凛：

　　"这人点穴的功夫可高明之极，却是何人？"右掌微扬，劈向铁杖，左掌从右掌底穿出，又已按在石上。青袍客铁杖移位，指向他"天池穴"。保定帝掌势如风，连变了七次方位，那青袍客的铁杖每一次均是虚点穴道，制住形势。

　　两人接连变招，青袍客总是令得保定帝无法运动推石，认穴功夫之准，保定帝自觉与己不相伯仲，犹在兄弟段正淳之上。他左掌斜削，突然间变掌为指，"嗤"的一声响，使出一阳指力，疾点铁杖，这一指若是点实了，铁杖非弯曲不可。不料那铁杖也是"嗤"的一声点来，两股力道在空中一碰，保定帝退了一步，青袍客也是身子一晃。保定帝脸上红光一闪，青袍客脸上则隐隐透出一层青气，均是一现即逝。

保定帝大奇，心想："这人武功不但奇高，而且与我显是颇有渊源。他这杖法明明跟一阳指有关。"

这场打斗载于《天龙八部》第八回，保定帝去救段誉，遭到段延庆阻拦，两人开打，都使出了一阳指功夫，指力发出时都有"嗤嗤"响声，与物理学上的尖端放电非常相似。

什么是尖端放电呢？大家一定都知道避雷针，那是一种很长的金属导体，底端与埋在地下的金属板连着，顶端做得尖尖的，安装在大厦顶部。电荷在导体表面并不是均匀分布的，导体表面越尖锐的地方，电荷的分布越密集。当云层里的电荷足以使建筑物产生静电感应的时候，大部分电荷都会集中到避雷针的尖端，然后顺着避雷针导入地下，这样就可以避免静电在建筑物上越积越多，积累到一定程度时剧烈放电，致使建筑倒塌、人畜伤亡。

大理段家使用一阳指的原理应该就在于此。他们是内功高手，体内贮存的内力相当于是大量的正电荷或者负电荷，他们用内力伤人或者救人，其实就是把体内的电荷释放出去。人体是导体，手指是这个导体上最为尖锐的导体（毛发更尖锐，但不是导体，牙齿在干燥状态下也不是导体），故此手指上的电荷最为集中。人体在放电的时候，通过手指放电会比通过其他部位放电都要快。所以从某种程度上说，一阳指就是避雷针，只不过避雷针用来把大量电荷引入地下，起的是分散作用，而一阳指将大量电荷聚集于手指，起的是集中作用。

人体上除了手指，并非没有其他尖锐部位，但是不宜在打斗的时候裸露出来，而且那些部位一定没有手指灵活。

一阳指为什么可以隔空点穴，为什么还能发出"嗤嗤"的声响呢？因为导体尖端分布的电荷最密集，电场最强，强到一定程度，空气中的少量离子会在尖端电场的作用下发生剧烈运动，撞击别的大气分子，使之电离，形成速度极高的离子风。离子风携带着强大能量，将该能量发射在敌人穴位上，即可实现隔空点穴。至于"嗤嗤"的声响，那自然是离子击穿空气时发出的摩擦声和爆破声。

《天龙八部》第四十二回，慕容复的父亲慕容博施展出一门名曰"参合指"的奇功。

> 灰衣僧道："你姑苏慕容氏的家传武功神奇精奥，举世无匹，只不过你没学到家而已，难道当真就不及大理国段氏的'六脉神剑'了？瞧仔细了！"伸出食指，凌虚点了三下。
>
> 这时段正淳和巴天石二人站在段誉身旁，段正淳已用一阳指封住段誉伤口四周穴道，巴天石正要将判官笔从他肩头拔出来，不料灰衣僧指风点处，两人胸口一麻，便即摔倒，跟着那判官笔从段誉肩头反跃而出，"啪"的一声，插入地下。段正淳和巴天石摔倒后，立即翻身跃起，不禁骇然。这灰衣僧显然是手下留情，否则这两下

虚点便已取了二人性命。

姑苏慕容的参合指未必比得上大理段家六脉神剑的威力，但这门武功也是用食指隔空点穴，向敌人发出远程攻击，其原理应该也是尖端放电。

尖端放电可以对敌人造成伤害，伤害程度取决于电场强度。如果慕容博在手指上聚集的电荷就像雷雨时云层里的电荷一样密集，虚点一指给敌人造成的伤害应该与被雷劈差不多。但是慕容博老先生老奸巨猾，不愿多树强敌，与段家结下深仇大恨，所以他没有在手指上聚集那么多电荷，使段正淳躲过雷劈，保住了一条性命。

劈空掌

金庸笔下隔空伤人的武功还真不少，慕容家的参合指算一项，段家的六脉神剑算一项，乔峰（萧峰）的劈空掌也算一项。

《天龙八部》第二十六回。

契丹人纷纷抢到萧峰身前，想要救人。萧峰以断矛矛头对准红袍人的右颊，喝道："要不要刺死了他？"

一名契丹老者喝道："快放开咱们首领，否则立时把你五马分尸。"

萧峰哈哈大笑，"呼"的一掌，向那老者凌空劈了过去。他这一掌意在立威，吓倒众人，以免多有杀伤，是以手上的劲力使得十足，但听得"砰"的一声巨响，那契丹老汉为掌力所击，从马背上直飞了出去，摔出数丈之外，口中狂喷鲜血，眼见不活了。

众契丹人从未见过这等劈空掌的神技，掌力无影无踪，犹如妖法，不约而同的一齐勒马退后，神色惊恐异常，只怕萧峰向自己一掌击了过来。

根据文中描写，乔峰使劈空掌时，既不产生耀眼的电弧，也不发出"嗤嗤"的声响，可见他这种隔空伤人的功夫与特斯拉线圈和尖端放电都没有关系。

《射雕英雄传》第二十六回，西毒欧阳锋曾用劈空掌暗算黄药师和黄蓉，或许我们可以从中看出这门功夫的端倪。

> 欧阳锋知道黄药师心思机敏，不似洪七公之坦率，向他暗算不易成功，但见他笑得舒畅，毫不戒备，有此可乘之机，如何不下毒手？只听得犹似金铁交鸣，铿铿三声，他笑声忽止，陡然间快似闪电般向黄药师一揖到地。黄药师仍是仰天长笑，左掌一立，右手钩握，抱拳还礼，两人身子都是微微一晃。欧阳锋一击不中，身形不动，猛地倒退三步，叫道："黄老邪，咱哥儿俩后会有期。"长袖一振，衣袂飘起，转身欲走。

> 黄药师脸色微变，左掌推出，挡在女儿身前。郭靖也已瞧出西毒这一转身之间暗施阴狠功夫，以劈空掌之类手法袭击黄蓉。他见机出招均不如黄药师之快，眼见危险，已不及相救，大喝一声，双拳向西毒胸口直捶过去，要逼他还掌自解，袭击黄蓉这一招劲力就不致使足了。

欧阳锋使劈空掌的姿势很古怪，"快似闪电般向黄药师一揖到地"，劈空掌已经发了出去。这一掌没成功，被黄药师挡了回去，紧接着他又用普通人完全看不见的速度对准黄蓉发了一掌，若非郭靖奋不顾身相救，黄蓉必死无疑。由此看来，劈空掌的诀窍就是一个字：快。

一个物体在空气中运动，假如速度足够快，会推动空气高速运动，宏观上形成风,微观上形成冲击波。举例言之,超音速飞机在空气中飞过,手榴弹在空气中爆炸,还有老年人在广场上健身时突然甩动再高速弹回的鞭梢,都能让附近的空气猛烈震荡,形成超过音速的冲击波,并产生一股强烈的压缩气流。如果压缩气流的速度足够大,冲击波的能量足够强,直接作用在人身上,可以让人喷血而亡。所以我要在这里友情提示,看见老人甩动鞭子健身时一定要远远躲开。鞭子是很细,可是人家速度快啊!鞭梢扫在身上一定很疼的。即使扫不到,由鞭梢高速运动所产生的冲击波也不可小视哦,万一那股冲击波离你耳朵很近,会震破你的耳膜。

劈空掌之所以能伤人,很可能是因为手掌击出的速度太快,将空气变成了冲击波。试想一下,乔峰内力高深,出招迅猛,他拍出一掌大约相当于在空气中引爆一根雷管,只不过雷管的冲击波向四面八方扩散,劈空掌的冲击波却是对准敌人定向扩散。

同样的物体,同样的运动速度,在不同介质中会产生不同能量的冲击波。空气动力学告诉我们,冲击波的能量与"马赫数"和"雷诺数"成正比。马赫数表示物体在空气中的运动速度,1马赫就是音速的1倍,2马赫就是音速的2倍,3马赫就是音速的3倍。雷诺数表示空气的黏稠度,空气密度越大,雷诺数就越大。乔峰以同样的内力施展劈空掌,在山顶上的威力一定比在平地上小,因为山顶空气稀薄,雷诺数偏小,冲击波的能量也偏小。而如果让乔峰置身于真空环境,他的劈空掌将变得毫无杀伤力,因为真空中没有空气,雷诺数为零。

科幻电影《复仇者联盟1》中有一个场景:外星文明入侵地球,地球人招架不住,美国政府决定用原子弹对付入侵者。原子弹的威力当然很大，可是如果让它在大气层上空爆炸，对外星人的杀伤力就会锐减，因为只剩下某些射线和电磁脉冲在起作用，而不会再产生具有直接伤害效果的冲击波。

顺便说一下，黄蓉也练过劈空掌，但是火候太浅，没能掌握劈空掌的精髓。《射雕英雄传》第十三回。

> 黄蓉点头一笑，挥掌向着烛台虚劈，"噗"的一声，烛火应手而灭。
> 郭靖低赞一声："好掌法！"问道："这就是劈空掌么？"黄蓉笑道："我就只练到这样，闹着玩还可以，要打人可全无用处。"

黄蓉之所以能打灭蜡烛，靠的仅仅是掌风，而不是掌力。手掌推动空气做运动，形成一股微风，风吹到火焰上，蜡烛就灭了。黄蓉出掌的速度太慢，还远远达不到产生冲击波的程度，我们这些凡夫俗子稍加训练，也能像她一样用掌风灭蜡烛，拿来唬人还行，打架没用。

我们甚至不用出掌，只将手在凉水里泡一泡，放到烛火旁边，动都不用动，火焰自己会摇摆起来——手掌附近的空气在降温，火焰附近的空气在升温，两股空气存在温差，高温空气会向低温一端流动，形成微弱的气流，让火焰轻轻摇摆。

如果把蜡烛撤掉，换成一个薄如蝉翼的风车，再将手掌烤热，放到风车一侧。手掌会让附近空气升温，与风车另一侧的空气产生温差，一样能形成微弱的气流，让风车慢慢转动起来。

擒龙功

话说乔峰真是武学奇才，他会劈空掌，会降龙十八掌，还练成了一种看上去更加神奇的武功：擒龙功。

请大家再次翻开《天龙八部》，找到乔峰制服风波恶那一段。

风波恶却道："乔帮主，我武功是不如你，不过适才这一招输得不大服气，你有点出我不意，攻我无备。"乔峰道："不错，我确是出你不意，攻你无备。咱们再试几招，我接你的单刀。"一句话甫毕，虚空一抓，一股气流激动地下的单刀，那刀竟然跳了起来，跃入了他手中。乔峰手指一拨，单刀倒转刀柄，便递向风波恶的身前。

风波恶登时便怔住了，颤声道："这……这是'擒龙功'罢？世上居然真的……真的有人会此神奇武功。"

乔峰微笑道："在下初窥门径，贻笑方家。"说着眼光不自禁地向王语嫣射去。适才王语嫣说他那一招"沛然成雨"，竟如未卜先知一般，实令他诧异之极，这时颇想知道这位精通武学的姑娘，对自己这门功夫有什么品评。

王语嫣当时正神游物外，没有对乔峰的擒龙功做任何评价，现在不妨由我们来品评一下。

虚空一抓，地上的单刀就跳起来跃入手中，这一招擒龙功确实神奇。究竟有什么科学依据呢？咱们只要回忆一下电磁学的相关知识，就能发现其中奥妙。

要知道，电场和磁场是共通的，它们要么是同一物体的两种属性，要么是同一属性的两种表现。电场发生变化，一定产生磁场；磁场发生变化，必然产生电场。

通电的导线会产生磁场，磁场里的铁块会带有磁性，依据这个原理，可以制成电磁铁。乔峰很可能在手臂上绑了一根缠着导线的铁芯，并在身上某个地方安装了电源和开关。当乔峰按下开关，开通电源，使导线通电之后，那根铁芯就有了磁性。然后他把手臂对准地上的单刀，那柄用钢铁锻造的单刀就会被电磁力吸得跳起来。等他抓到了单刀，就关掉电源，使电线不再通电，然后铁芯就失去磁性，不再具有磁力了。

在电磁学领域，电磁铁的磁力叫"安培力"，安培力的大小与导线长度和电流强度成正比。也就是说，乔峰的擒龙功练到何种程度，取决于线圈长度、线圈电阻和电源电压的大小。电源的电压越强，线圈的电阻越小，导线内的电流强度就越大，电磁铁的磁力就越强。乔峰向风波恶表示谦虚，说自己"初窥门径、贻笑大方"，估计是由于线圈还不够长、电压还不够大的缘故。

乔峰是堂堂丐帮帮主，整天在胳膊上绑一电磁铁，还要随身携带着电源和开关，似乎不大雅观，而且也有点儿累赘。或许乔帮主并非电视剧里那种虬髯大汉形象，而是铁胳膊铁腿铁脑袋，一身变形金刚造型，这也很酷。

再请大家翻到《天龙八部》第三十一章，找到虚竹破解玲珑棋局，进入逍遥派密室的那一段。

只听得丁春秋的声音叫道："这是本门的门户，你这小和尚岂可擅入？"跟着"砰砰"两声巨响，虚竹只觉一股劲风倒卷上来，要将他身子拉将出去，可是跟着两股大力在他背心和臀部猛力一撞，身不由己，便是一个筋斗，向里直翻了进去。他不知这一下已是死里逃生，适才丁春秋发掌暗袭，要制他死命，鸠摩智则运起"控鹤功"，要拉他出来。但段延庆以杖上暗劲消去了丁春秋的一掌，苏星河处身在他和鸠摩智之间，以左掌消解了"控鹤功"，右掌连拍了两下，将他打了进去。

与乔峰的擒龙功非常相似，鸠摩智的"控鹤功"也是隔空吸物。但跟擒龙功不一样的是，控鹤功吸的是活人，不是单刀。

我们用电磁铁原理解释擒龙功，解释得很成功。可是如果再用这个原理来解释控鹤功，就会遇到障碍——被控鹤功往外吸的虚竹可不是金属，他是碳水化合物，哪怕鸠摩智浑身都是电磁铁，也吸不动他。

我们该怎么解释控鹤功呢？我的个人意见是，照样能用电磁铁来解释。没错，虚竹不是金属，可他的血液里有金属啊！铜离子、铁离子、锌离子、镁离子，各种各样的金属离子，这些离子对磁力是有反应的，尤其铁离子，在磁场里跑得比谁都快。假如鸠摩智身上的电磁力足够强大，就可以吸引虚竹体内的铁离子向他飞去，在无数铁离子的带动下，虚竹也会跟着向鸠摩智飞去。

控鹤功的磁感应强度要远远大于擒龙功。换言之，鸠摩智在身上捆绑的电磁铁更多，缠绕的线圈更长，线圈的电阻更小，电源的电压更大。看过《Ｘ战警》的朋友应该都记得超级变种人万磁王，万磁王强大到能让人体血液里的所有铁离子破体而出，再迅速聚合成一块金属圆盘，其磁感应强度又远远超过了鸠摩智。假设乔峰、鸠摩智和万磁王三人华山论剑，最后胜出的一定是万磁王，因为乔峰和鸠摩智身上的电磁铁连同体内的铁离子，都会在刹那之间被万磁王吸走。

回过头来还说《天龙八部》。

四大恶人的老大段延庆应该也是运用电磁力的高手，有一回他中了慕容复的毒，"左掌凌空一抓，欲运虚劲将钢杖拿回手中，不料一抓之下，内力运发不出，地下的钢杖丝毫不动。"其实他不是内力运发不出，而是电源没电了，或者开关坏掉了而已。你知道，开关一坏，线圈就无法通电；线圈一不通电，铁芯就消磁；铁芯一消磁，那地上的钢杖自然就丝毫不动了。

说真的，我很佩服段延庆，这人不但能运用电磁力，还深得空气动力学之精髓。就拿他跟聋哑先生苏星河下棋那一段来说吧，他"左手铁杖伸到棋盒中一点，杖头便如有吸力一般，吸住一枚白子，放在棋局之上"。

棋子很少用铁打造，一般都是木头、象牙或者塑料，无论段延庆怎样催动电磁力，都不可能让铁杖吸住棋子，对不对？合理的解释是，段延庆这次没有使用电磁力，他只是催动真气，让杖头附近的空气加速流转而已。

按照空气动力学中的伯努利方程，流速越大的地方，压强会越小。

也就是说，杖头附近的气压会陡然下降，而棋子附近的气压仍然是正常大气压。在气压差的作用下，棋子会飞向杖头，只要段延庆一直催动真气，气压差会一直存在，棋子就会一直吸附在他的铁杖上。

回旋镖与磁悬浮

不知道有没有朋友玩过回旋镖，这是一种形状怪异的暗器，中间凸起，两端弯曲，好像一个扁扁的人字，又像农耕时代套在牛脖子上的"轭"。抓住回旋镖的一端，用力将其旋转着掷出，如果手法正确、力度适中，它飞行一段距离后，竟然还会再飞回到我们手中。

金庸群侠中没有人用回旋镖做武器，漫威旗下专门猎杀僵尸的超级英雄刀锋战士倒擅长用回旋镖。电影《刀锋战士Ⅱ》开场不久，刀锋战士追捕一个骑重机逃脱的僵尸，甩出一枚寒光闪闪的回旋镖。回旋镖绕着僵尸飞了一圈，没能击中，刀锋战士立马来一个蟒龙大转身，左手伸出，刚好将飞回来的回旋镖接住，酷毙了。

乍看上去，回旋镖好像是被刀锋战士用一股吸力召唤回来的，实际上它是在空气动力作用下改变了运动轨迹。

首先让我们来观察回旋镖的形状，它有两个翅膀，也就是两端弯曲的部分，一面较为突起，另一面较为平坦。在旋转飞行的过程中，流经回旋镖上下翼面的空气速度不相同，下翼面的空气流速一定会低于上翼面。回旋镖抛出后，在获得向前初速度的同时，还以两翼连接点为中心进行自旋。如果将回旋镖竖直向前抛出，两翼受到升力的方向会变成向左或右的侧向力。由于回旋镖在向前飞行的同时还进行自旋，上翼面相对于空气的运动速度显然等于回旋镖飞行速度与上翼面自旋线速度之和，而下翼面相对于空气的运动速度则等于回旋镖飞行速度与下翼面自旋线速度之差。回旋镖抛出时并非绝对竖直，与铅垂线有一个倾角，这就意味着，两翼产生的升力在竖直方向上的分力可以维持回旋镖的平飞乃至上升，而升力在水平方向上的分力则可以让回旋镖改变方向，重新飞回到发射点。

懂得了回旋镖的飞行原理，下面不妨再做个假设：如果有人将一个超大的回旋镖竖直安装在头部上方，用电力驱动回旋镖向前飞行，最后回旋镖能不能带着这个人飞回原地呢？答案应该是肯定的。

还有更靠谱的做法，我们将回旋镖改变形状，改成一个十字交叉的螺旋桨，水平安装在脑袋上。只要螺旋桨转动速度足够快，上下翼面的速度差足够大，就能产生强大的上升力，使人体得以在空中悬浮。然后我们在屁股上安装一个尾翼，通过调整尾翼的速度和方向，就可以实现自由翱翔的理想了。直升机的飞行原理正是这样子。

为了让螺旋桨产生的上升力超过人体重力，桨叶必须很宽很长，旋转的速度必须非常快，需要的动力必须非常大。马达的轰鸣声，螺旋桨切割空气的摩擦声，会给没有隔音保护的飞行者带来巨大伤害。

为了实现宁静优雅的飞行之梦，我们应该扔掉空气动力学，再次用电磁学武装自己。大家还记得《X战警》系列里万磁王穿着披风在空中飞行的画面吧？他保持着站立姿势，上身不动，下身不摇，双腿不丁不八，犹如御风而行。他的飞行，正是依据了电磁学的原理。

万磁王每次飞行，上身都穿着钢铁盔甲（被披风遮盖，有些隐蔽）。这套盔甲不是用来抵御攻击，而是为了协助飞行——万磁王用他控制磁场的超能力将盔甲磁化，使之与地球这个庞大磁体之间产生同性相斥的斥力。斥力超过重力，他会腾空而起。斥力与重力持平，他将悬浮在空中。

磁性物质并不限于钢铁，世间万物均有磁性，构成物体的每一个质子、中子、电子都具有微小的磁场。电子围绕原子核运动，也会产生磁场。只是绝大多数电子的磁场都有自行配对的趋势，当配对完成后，原子的合磁场为零。例如纸张、塑料以及金、银、铝、锌等金属，自然状态下的原子合磁场都是零，所以表现不出磁性。

另外所有物质都有一种抗磁性：物质的感应磁场总是与外部磁场相反，原子磁性排列总是试图抵消外部磁场的影响。抗磁性本质上是一种量子物理效应，任何物质在磁场作用下都会产生抗磁效应。但由于抗磁效应很微弱，当物质表现出磁性时，抗磁效应就被掩盖了。

能在自然状态下显示抗磁效应的物质被称为抗磁体，例如组成人体的水和蛋白质都是抗磁体。利用这些抗磁体对地球磁场的排斥力，理论上也可以将人体悬浮在空中。

2000年"搞笑诺贝尔"奖获得者盖姆（Andre Geim）就曾经用中等强磁场将一只青蛙悬浮起来，利用了有机物的抗磁性原理。2009年9月，美国宇航局喷气推进实验室（NASA's Jet Propulsion Laboratory）采用超导磁体，将一只小白鼠悬浮在空中，更是抗磁体悬浮技术的一大进步。

小白鼠的生物组成比较接近人类，相信在不久的将来，不断改进的抗磁体悬浮技术可以让我们普通人实现在空中漫步的理想，与万磁王比酷。

《天龙八部》第四十三回，少林寺扫地僧"右手抓住萧远山尸首的后领，左手抓住慕容博尸首的后领，迈开大步，竟如凌虚而行一般，走了几步，便跨出了窗子"。此前乔峰一掌打在扫地僧胸口，将他打到吐血，说明他没穿钢铁盔甲。不穿钢铁盔甲而能凌虚而行，说明扫地僧很可能已经掌握了最先进的抗磁体悬浮技术。

第六章

凌波微步
与量子物理

阿基米德能撬起地球吗?

相声名段《兵器谱》里有一段贯口:"刀枪剑戟,斧钺钩叉,拐子流星,鞭锏锤抓,带尖儿的带刃儿的,带绒绳儿的带锁链儿的,带倒齿钩儿的带峨嵋刺儿的……"用北方官话里的儿化音念出来,合辙押韵,朗朗上口。

这段贯口,说的是传统武术界十八般兵器。哪十八般?刀、枪、剑、戟、斧、钺、钩、叉、鞭、锏、锤、挝、铁拐、流星锤,再加上棍棒、弓箭、藤牌、钉耙,总共一十八种。

十八般兵器有长有短,各有利弊。一般来说,短兵器用起来更灵活,长兵器的打击范围更大。所以江湖上有言道:"一寸短,一寸险。一寸长,一寸强。"

为了增大打击范围,温瑞安笔下的杀手会使用一些特别长的兵器。《少年铁手》中就有这样的杀手。

有一道人影奇快无比,竟还浑身闪着异光,此人手执十九尺九寸长刀,一刀斫着了郑重重。

《四大名捕走龙蛇》中也有这样的杀手。

他前冲势头未歇，紫杜鹃丛倏然闪出一个人！

这人一现身，出剑！剑长十一尺！

冷血惊觉的时候，胸膛已中剑！

刀长"十九尺九寸"，超过6米。剑长"十一尺"，接近4米。兵器长到这个地步，那真是一扫一大片，一扎一条线，自己伤得到敌人，敌人伤不到自己。

既然长兵器有如此好处，干吗不把兵器打造得更长一些呢？比如说打造一把1000公里长的长剑，人在千里，剑在眼前，您一剑刺出，说不定可以杀死远在另一个国家的敌人哦！

可惜这是行不通的。

首先，兵器越长，质量越大，1000公里长的长剑，起重机都吊不起来，凭人力如何使得动它？

其次，兵器越长，坚固性越差，您这边费尽九牛二虎之力举起了剑柄，那边剑尖还在地上躺着呢，中间有压路机碾过去，咔，剑折了。

最后，兵器那么长，使用起来会极不灵活，敌人乘虚而入，直捣中宫，您刚使了半招，人家就取了您的性命。

由此可见，一味追求长度，效果并不好，长短适中才重要。

我们都知道，孙悟空有一根如意金箍棒，神铁打造，重13 500斤，要长就长，要短就短。现在假设孙悟空想杀死嫦娥，他站在地球上，竖起金箍棒，念念有词："长，长，长，长……"金箍棒一直伸到月球上去。孙悟空火眼金睛，看清了嫦娥的位置，抡棒就捣，能不能一下子把嫦娥捣死呢？

乍听上去好像可行，但是物理学家会指出问题所在。

在物理学家眼中，一切物体都是由原子组成的，原子和原子之间通过化学键结合。化学键是一种能量，控制着原子间的距离，传导着原子间的作用力。金箍棒一端的原子受到孙悟空的推力，这个推力会被一个又一个化学键传导下去，经过一段时间之后，金箍棒另一段的原子才能感受到推力，然后朝向嫦娥的位置移动过去。

金箍棒用钢铁铸造，推力在铁原子间的传导速度，差不多等于声波在钢材中的传播速度，每秒大约 5200 米。已知月球与地球的平均距离是 384 400 千米，用地月距离除以传播速度，可求出孙悟空的推力传过整条金箍棒的时间，计算结果 73 923 秒，超过 20 个小时。

也就是说，孙悟空捣出一棒，要经过一天一夜的时间才能伤到嫦娥。人家嫦娥也是神仙耶，在月宫里俯视人间，看见孙悟空使坏，不用慌不用忙，洗洗脸，梳梳头，敷敷面膜，吃吃早点，带着玉兔逛街购物，傍晚回到家，站在原地，向孙悟空竖起中指，然后随随便便挪个位置，就能躲开金箍棒。

力在原子间传播需要时间，现代物理学家能认识到这一点，古代物理学家并不懂得。距今两千多年前的古希腊物理学家阿基米德不是说过吗？"给我一个支点，我能撬起整个地球。"从杠杆原理上说，他的豪言壮语完全有可能实现，可是一旦考虑到力的传播时间，他老人家只能"歇菜"了。

根据杠杆原理，在杠杆一端施加一个垂直于杠杆的力，这个力与力臂（从受力点到杠杆支点的投影距离）的乘积等于杠杆另一端的力与力臂的乘积。地球质量大约是 6×10^{24} 千克，阿基米德想撬起地球，只需

要找到一根 $6 \times 10^{24} + 1$ 米的杠杆，将支点设在 6×10^{24} 米处，短的那端是地球，长的这端是自己，按住长端的端点，向下施加一个超过 1 千克的力，地球就能被撬起来。

问题恰恰在于，力在杠杆上的传导需要时间。假定阿基米德这根杠杆就是孙悟空的金箍棒，力的传导速度也是 5200 米每秒，他的力要经过多久才能传到杠杆另一端呢？大约需要 1.15×10^{21} 秒，也就是 3.2×10^{17} 小时，按一年 8760 小时估算，需要 3.66×10^{13} 年，即 36.6 万亿年！要知道，地球的年龄才 46 亿年，宇宙的年龄才 138 亿年，某些物理学家预估宇宙的寿命只剩 28 亿年，就算阿基米德寿与天齐，一直到宇宙毁灭，他也看不到地球被他撬起的半点儿迹象。

瞧，宏观世界上好像行得通的道理，一旦细化到微观级别，很可能就要撞墙了。

洪七公为什么冻不死？

《倚天屠龙记》第二十五回，张无忌给师伯俞岱岩和师叔殷梨亭敷上西域少林派的骨科圣药"黑金断续膏"，第二天下午，发现敷错了药。

张无忌见了这等情景，大是惊异，在殷梨亭"承泣"、"太阳"、"膻中"等穴上推拿数下，将他救醒过来，问俞岱岩道："三师伯，是断骨处痛得厉害么？"俞岱岩道："断骨处疼痛，那也罢了，只觉得五脏六腑中到处麻痒难当……好像，好像有千万条小虫在乱钻乱爬。"张无忌这一惊非同小可，听俞岱岩所说，明明是身中剧毒之象，忙问殷梨亭道："六叔，你觉得怎样？"

殷梨亭迷迷糊糊地道："红的、紫的、青的、绿的、黄的、白的、蓝的……鲜艳得紧，许许多多小球儿在飞舞，转来转去……真是好看……你瞧，你瞧……"

张无忌"啊哟"一声大叫，险些当场便晕了过去，一时所想到的只是王难姑所遗"毒经"中的一段话："七虫七花膏，以毒虫七种、毒花七种，捣烂煎熬而成，中毒者先感内脏麻痒，如七虫咬啮，然后眼前现斑斓彩色，奇丽变幻，如七花飞散。七虫七花膏所用七虫七花，依人而异，南北不同，大凡最具灵验神效者，共四十九种配法，变化异方复六十三种。须施毒者自解。"

　　张无忌额头冷汗涔涔而下，知道终于是上了赵敏的恶当，她在黑玉瓶中所盛的固是七虫七花膏，而在阿三和秃顶阿二身上所敷的，竟也是这剧毒的药物，不惜舍去两名高手的性命，要引得自己入彀，这等毒辣心肠，当真是匪夷所思。

　　他大悔大恨之下，立即行动如风，拆除两人身上的夹板绷带，用烧酒洗净两人四肢所敷的剧毒药膏。杨不悔见他脸色郑重，心知大事不妙，再也顾不得嫌忌，帮着用酒洗涤殷梨亭四肢。但见黑色透入肌理，洗之不去，犹如染匠漆匠手上所染颜色，非一旦可除。

原来他敷上的不是黑金断续膏，而是七虫七花膏。

七虫七花膏有毒，能让伤者产生幻觉，这不稀奇，我们喝酒喝多了，一样能产生幻觉。关键是，这种药涂抹在四肢上，怎么会"深入肌理，洗之不去"呢？

因为任何物质都由原子组成，原子无时无刻不在做剧烈的、无规则的运动，七虫七花膏的原子也不例外。宏观上观察七虫七花膏，它是介于固体和液体之间的胶体，涂到人体上，它好像是静止不动的。用光学显微镜观察，它每一个部分都在流动。再用电子显微镜观察，它每一个原子都在振动，有的向左，有的向右，有的向外，有的向内。从概率上讲，总有一些原子会在某些时刻朝着人体的方向振动，就像吸附在大腿上的水蛭一样，不断钻进俞岱岩和殷梨亭的皮肤、血液甚至骨骼里。反过来看也是一样，俞岱岩和殷梨亭的身体也是由原子组成，他们的原子也在做无规则运动，总有一些原子会在某些时刻朝着七虫七花膏的方向振动。

于是，人的原子混进药的原子，药的原子混进人的原子，时间越长，混杂的原子越多，渐渐的，人体就染上了药的颜色。

据说，内力高深的人抓起两块铁，上下叠压，双手一使劲，能让铁块牢牢黏在一起，从两块变成一块。其实我们也可以做到，只要有足够的时间：将两块铁、两块金板、两块铜板或者其他任何种类的两块金属摞在一起，等上几百年、几千年、几万年的时光，它们总会变成一块，即使不施加任何外力。究其原理，还是因为原子一直振动，两个物体接触面上的原子振动尤其剧烈，总会有一些偷偷钻进对方的怀抱，从此两情不渝，死不分离。

宏观上静止不动的物体，微观上从来没有停止过运动。好比我们从高空看大海，一片蔚蓝，光滑如镜；降落到低空时再看，大海波涛汹涌，起伏不定；等我们跳进大海，又可以观察并感受到冲天的巨浪、飞溅的水花。舀一碗海水，放在静室里，水面又呈现出光滑如镜的状态，可是用足够清晰的仪器去看，又可以看到水分子在跳跃、水蒸气在挥发，碗口附近的空气都因为微弱的温差而流动起来。

分子、原子、质子、中子、电子，以及更小级别的夸克、轻子、玻色子，统统在运动，永不停息。它们的运动似乎是无规则的，同时又遵循某些规律。比如说给一个物体加热，不管它的形态是固体、液体、气体还是胶体，其微粒的运动速度都会加快，振动频率都会加大，往某个特定方向运动的概率就会增加。将一个温度较高的物体和一个温度较低的物体放在一起，高温物体的热量向低温物体传递，低温物体的热量也在向高温物体传递，但是从高温物体向低温物体传递热量的概率，一定远远大于从低温物体向高温物体传递热量的概率。这在宏观上就表现出热传导定律：热量总是从高温物体传递给低温物体，只有在特别小的概率下，热传导的方向会反过来，但是这种概率会小到在整个世界毁灭前都未必会发生一次。

经典物理学也研究过热传导，并且总结出许多规律，可那都是站在宏观角度上得出来的结论。现在我们有了极为精密的观测设备，有了非常强大的数学工具，从微观角度再对热传导进行观测和计算，可以得出更加靠谱的结论。

《射雕侠侣》第十回，洪七公在华山绝顶大风雪中大睡三天三夜，没有被褥，没有暖气，身上积了一层厚厚的积雪，醒来依然生龙活虎，

到底是什么道理呢？按照经典物理学的热传导定律，我们当然可以给出解释：雪花是粉末状固体，一切粉末状固体都是不良导热体，可以减缓热传导速度。厚厚的积雪覆盖在洪七公身上，将他与外界的低温空气隔绝开来，使他身上的热量流失得不那么快，仿佛盖了一层被子。民谚云"今冬麦盖三层被，来年枕着馒头睡"，说的就是这个道理。

可是如果继续追问：为什么雪花这种粉末状固体是不良导热体？它能在多大程度上减缓热传导呢？经典物理学未必答得出来，只能用量子物理来求解——量子物理擅长解决微观问题，可以测出雪花的晶体结构，进而设计一个"量子行为粒子群优化算法"，精确推算出雪花随时间变化的热传导系数。洪七公要是懂得这个算法，他老人家在华山绝顶入睡之前，一定会科学安排露营地点和睡眠时间，确保自己能在风雪中睡够尽可能长的时间，同时又不会被冻死。

哲别为什么能射中铁木真？

　　经典物理认为世界是连续的，量子物理认为世界是断续的。如果您不明白这句话，请允许我举几个例子。

　　大约两千五百年前，古希腊数学家芝诺发表了著名的"阿基里斯悖论"。阿基里斯是运动健将，跑得飞快；但是芝诺通过思维实验，得出一个奇怪的结论：不管阿基里斯跑得有多快，他都追不上一只乌龟。

　　芝诺设想，把乌龟放在阿基里斯前方 1000 米处，让阿基里斯去追乌龟。假定阿基里斯的速度是乌龟的 10 倍，比赛开始，阿基里斯跑1000 米，花的时间为 t，此时乌龟领先他 100 米；阿基里斯跑完下一个100 米，花的时间为 0.1t，乌龟领先他 10 米；当阿基里斯跑完下一个 10米时，花的时间为 0.01t，乌龟领先他 1 米；阿基里斯再跑过这 1 米，花的时间为 0.001t，乌龟领先他 0.1 米……总而言之，阿基里斯与乌龟之间总有间距存在，他只能无限逼近乌龟，但永远不可能追上乌龟。

　　芝诺还有一个与"阿基里斯悖论"原理相同的悖论,简称"飞矢不动"：一支箭射出去，在飞行过程中的每一个瞬间，它都有一个确定的位置，在这个位置它是不动的。时间是由每一个瞬间组成的，因为箭在任何瞬间都是不动的，所以它总体上一定是静止的。归根结底，射出的箭既处于运动状态，又处于静止状态，而这两种状态不可能同时存在于一个物体上。

现在让我们翻开《射雕英雄传》第三回，回到熟悉的武侠世界。

> 西南角上敌军中忽有一名黑袍将军越众而出，箭无虚发，接连将蒙古兵射倒了十余人。两名蒙古将官持矛冲上前去，被他"嗖嗖"两箭，都倒撞下马来。铁木真夸道："好箭法！"话声未毕，那黑袍将军已冲近上山，弓弦响处，一箭正射在铁木真颈上。

这位黑袍将军，正是郭靖的师父、蒙古草原上最出色的神箭手哲别。

按照芝诺的第一个悖论，哲别向铁木真射出一箭，箭在飞，铁木真在跑，箭飞行100米，铁木真已跑出10米；箭再飞10米，铁木真已跑出1米；箭再飞0.1米，铁木真已跑出0.01米……虽然铁木真没有箭跑得快，但是由于空间距离可以无限分割，所以箭始终无法射中铁木真。

按照芝诺的第二个悖论，即使铁木真站着一动不动，哲别的箭也射不中他。因为时间可以无限分割，箭在每一特定时刻都是不动的，所以箭总是不动的。

只要你相信时空是连续的，是可以无限分割的，那就要接受芝诺悖论，就要相信哲别射不中铁木真。可是我们看到的结果并非如此，这说明时空并不是连续的。

经过逻辑推理、数学计算与精密观测，现代科学家得出了时空不连续的结论，这个结论是量子物理的一个基本思想。

首先我们要认识到，物质并非无限可分，能量也不是无限可分，它们一定都有最小的不可再分割的单位。而时空是物质和能量的属性，所以时空也一定有最小的不可分割的单位。

就拿哲别射出的箭来说吧，它的飞行轨迹看起来是连续的，实际上每一个量子都在"跳跃"着行进，不断划过一小段一小段的时空。更准确地说，构成箭的最小单位并非做连续运动，而是依照某种频率和概率，在一小段一小段的时空中不断"出现"，其中一部分量子最终会"出现"在铁木真的身体里，宏观上表现为射中了铁木真。

无规则、不连续、不可分割、以某种概率不断"出现"，这些思想是量子物理的基石。

量子物理中的"量子"，是物理分析中不可分割的最小单位。在某些分析中，分子、原子、电子是量子；在另一些分析中，离子、光子是量子。只要是无规则、不连续、不可分割、只能用概率统计其运动状态的基本粒子，都能被当作量子。

不妨把量子比做人。

地球上大约七十亿人，每个人都是不可再分割的最小单位。凭借现在的科技，你不可能把一个人一劈两半，分成两个活着的人。

如果在某种神秘力量的召唤下，七十亿人排成一字长蛇阵，形成一条巨长的线。乍看上去，线是连续的，分成无限多的点。走近了瞧，点并非无限，线并不连续，点与点之间总有间距。

这条线上的每个点（人）都在动，有的跑，有的跳，有的站起来，有的躺下去，有的飞上太空，有的留在地球，有的拼命追求另一个点，并与其他的点打起来。哪怕你是造物主，也无法判断每个点的下一步动作，你只能长叹一声，承认他们都在做无规则运动。

现在你放弃对单个点的观察和预测，开始留心所有点的统计规律。

咦，它们竟然在整体上表现出非常鲜明的概率特征。比如说，绝大多数点只在地球上运动，只有极少数点飞离地球；比如说，遇到障碍物时，绝大多数点选择自动绕开，只有极少数点会撞上去；再比如说，所有的点都有性别，其中绝大多数点具有向异性运动的趋势，只有极少数点表现出另外的趋势……

不连续、无规则、不可分割，个体运动杂乱无章，整体上却又呈现出不容忽视的统计规律，这就是量子的特征。当然，也是我们人类的特征。

量子穿墙术

人类有意识，遇到障碍时会做选择。

比如说，我们被一堵墙挡住，要么退回去，要么绕过去，要么找一架梯子，像张生私会崔莺莺那样翻墙而入。如果轻功特别好呢，就可以学段誉，怀里抱着一个人，还能一跃而过。

段誉左手搂住王语嫣，用力一跃，右手去握风波恶的手。不料一跃之下，两个人轻轻巧巧地从风波恶头顶飞越而过，还高出了三四尺，跟着轻轻落下，如叶之堕，悄然无声。

段誉用轻功过墙，很潇洒，但不够霸气。他爸爸段正淳在万劫谷被一排树墙挡了路，明明可以跳过，却吩咐部下在墙上砍出一个入口。

段正淳心想今日之事已无善罢之理，不如先行立威，好教对方知难而退，便道："笃诚，砍下几株树来，好让大伙儿行走。"古笃诚应道："是！"举起钢斧，"嚓嚓嚓"几响，登时将一株大树砍断。傅思归双掌推出，那断树"喀喇喇"声响，倒在一旁。钢斧白光闪耀，接连挥动，响声不绝，大树一株株倒下，片刻间便砍倒了五株。

段正淳命人以斧劈墙，也不算最霸气，最霸气的当属《笑傲江湖》中日月神教的教主任我行，他仅凭血肉之躯，直接穿墙而过。

> 只听得一人哈哈大笑，发自向问天身旁的人口中。这笑声声震屋瓦，令狐冲耳中嗡嗡作响，只觉胸腹间气血翻涌，说不出的难过。那人迈步向前，遇到墙壁，双手一推，轰隆一声响，墙上登时穿了一个大洞，那人便从墙洞中走了进去。向问天伸手挽住令狐冲的右手，并肩走进屋去。

量子物理学所研究的量子，完全是没有意识的东西，个头也比人小得多得多，两者相差不止亿亿亿万倍，但是当量子遇到障碍时，竟然会像人一样做出不同选择！

就拿光来说吧，每一束光都包含大量光子，每个光子都是一团小到不能分割的能量。这一小团能量以光速运动，碰到了一个障碍物，或者一堵能量墙。假如障碍物的尺寸小于光子的波长，光子会绕过去，毫不费力，仿佛轻功高手越墙而过。假如障碍物的尺寸超过光子的波长，光子绕不过去，但是光子本身的能量略略超过障碍物的能量（量子物理学中称为"势垒"），光子会直接穿过去，非常霸气，仿佛任我行以血肉之躯穿透墙壁。

假如光子的波长不超过障碍物的尺寸，能量又弱于障碍物的能量，好比一个人轻功也不行，硬功也不行，还找不到斧头和梯子，是不是会被障碍物挡住，只能悻悻然掉头而去呢？一般来说是这样的。不过总有一些光子，既没有跳，也没有绕，还没有硬闯，却突然出现在障碍物的另一侧。这种现象，被量子物理学家称为"量子隧道效应"，意思是说量子好像发现了一条谁都看不见的隧道，沿着隧道偷偷溜了过去。

大家还记得《笑傲江湖》里令狐冲等人被困少林寺的情节吧？正教高手在少室山的半山腰被重重围困，密布陷阱，本来谁都出不去，幸好桃谷六仙偶然发现一条通往山脚下的地下隧道，才使令狐冲等人逃了出去。

量子隧道效应还不同于令狐冲逃出少林寺。人从隧道里穿过，需要一步一步走，有时间，有过程，那是连续的。而量子的运动轨迹不连续，它此时在障碍物左侧，下一刻立即出现在障碍物右侧，中间并没有什么连续运动。好比敌人夜半来袭，你提前做好准备，在大营外面安排了绊马索，满心指望把他绊倒。但是奇迹出现了，敌人突然使出移形换影大法，"啾"的一下出现在你面前。你大惊失色，问他是怎么过来的，他挠挠头，说不出任何原因。是的，他没有用轻功，也没有钻地道，更没有挪开障碍物，就是莫名其妙改变了一下位置。

光子、电子、原子、分子，莫不遵循上述运动规律。你可以做个实验，在两层导体中间夹一个绝缘层，然后给其中一层导体通电，原则上没有电子可以穿过绝缘层，抵达另一层导体。但是实验结果显示，另一层导体出现了很少量的电子，其数量大约是通电那层电子数量的亿万分之一。量子物理学家已经推导出相关的数学模型，据此可以求出电子穿过绝缘层的概率。

人也是由一个个量子组成的，所以人也一样服从量子隧道效应。《聊斋志异》中就有这样的故事：某年轻人学会茅山术，可以穿过一尺厚的墙，而墙壁完好无损，仿佛他身上的所有量子集体穿过了量子隧道。

量子隧道效应的数学模型告诉我们，量子数量越多，障碍物尺寸越大，穿过的可能性就越低。像人这么大的宏观物体，想穿墙而过，绝对比电子穿过绝缘层难得多。把全球七十亿人都放在一堵半米厚的墙壁一侧，大家一起等到宇宙毁灭，或许会有一个人出现在墙壁另一侧。

凌波微步和测不准定理

　　人太大，量子太小，我们很容易测出一个人的位置、速度、身高、体重、三围、年龄，却很难测出一个量子的运动轨迹。

　　一个电子无时无刻不在运动，它有质量，也有速度，在每个具体的时刻都有具体的位置。但是，你只能测出它在某个时刻的速度，而不能测出它在此刻的位置。如果你测出了它在某个时刻的位置，就一定测不出它在那个时刻的速度。

　　速度和位置，在量子物理学中属于"共轭量"，意思是不可能同时测准的一对物理量。它们像一对不共戴天的仇敌，有你没我，有我没你，只要让一个登台亮相，另一个马上掉头就走。打个不太恰当的比方，速度就像周芷若，位置就像赵敏，观测者就像张无忌。张无忌拥抱赵敏的时候，周芷若会摔门而去；张无忌赶紧去抚慰周芷若，回头发现赵敏已经走了。而如果张无忌狗胆包天，妄图左拥右抱，同时拥有两个美丽的姑娘，赵敏和周芷若会联起手来揍他，使他一个都得不到。

　　到底是什么原因呢？

　　德国物理学家海森堡(Heisenberg)给出了解释：量子太小了，看不见，摸不着，你想观测到它，只能发射出频率很高、能量很强的光子或者电子，使它们撞击在被测量的量子上面，再根据反弹回来的光子或电子做出判断。如你所愿，光子或电子弹了回来，向你报告量子的位置，但它们报告的只是撞击那一刻的位置，而不是报告那一刻的位置，因为量子遭受撞击，早飞得无影无踪了。如果你想测出量子的速度，道理也是一样，你想测得越准，派遣的光子或电子就得越强，你要测量的量子也就被撞得越远。

后人将海森堡总结的这条物理定律称为"测不准定理"，又叫"不确定性原理"。

《天龙八部》主人公之一段誉擅使一种名为"凌波微步"的奇门武功，这门武功可以看作是对测不准定理的宏观表述。

> 段正淳见南海鳄神出爪凌厉，正要出手阻隔，却见段誉向左斜走，步法古怪之极，只跨出一步，便避开了对方奔雷闪电般的这一抓。段正淳喝彩："妙极！"南海鳄神第二掌跟着劈到。段誉并不还手，斜走两步，又已闪开。
>
> 南海鳄神两招不中，又惊又怒，只见段誉站在自己面前，相距不过三尺，突然间一声狂吼，双手齐出，向他胸腹间急抓过去，臂上、手上、指上尽皆使上了全力，狂怒之下，已顾不得双爪若是抓得实了，这个"南海派未来传人"便是破胸开膛之祸。
>
> 保定帝、段正淳、玉虚散人、高昇泰四人齐声喝道："小心！"却见段誉左踏一步，右跨一步，轻飘飘地已转到了南海鳄神背后，伸手在他秃顶上拍了一掌。

南海鳄神为了打到段誉，必须准确知道段誉的位置和速度，当他看清段誉的位置时，段誉已经改变了速度；当他看清段誉的速度时，段誉已经改变了位置。他不可能同时测准位置和速度，故此永远打不到段誉。

遗憾的是，当初创造凌波微步的武林奇人还不懂得测不准定理，他只是掌握了天下各门各派武功的精髓，据此设计出一套可以躲避各种攻击套路的步法。如果攻击者不按套路出招，这套步法就失效了。

当段誉用凌波微步躲避南海鳄神的攻击时，精通武学的段正淳和段正明很快发现了凌波微步的罩门，"两兄弟互视一眼，脸上都闪过一丝忧色，同时想到：这南海鳄神假使闭起眼睛，压根儿不去瞧誉儿到了何处，随手使一套拳法掌法，数招间便打到他了。"

台湾武侠小说家西门丁创作过一部《倚刀云烟》，这部小说名气不响，故事结构完全借鉴武侠小说名家梁羽生先生的《萍踪侠影》，可供圈点处不多。好在书里有一段非常了不起的情节：主人公陈万里从树上跳下的时候，遭到好几个敌人的围攻，刀剑与暗器一起来，眼看避无可避，陈万里使出绝顶轻功，将自己变得像落叶一样轻，居然躲掉了所有攻击。

用绝顶轻功来躲避攻击，比段誉的凌波微步更加接近测不准定理。您想啊，刀剑也好，暗器也罢，攻击时都会造成气流的扰动。兵器未到，气流先到，这股气流冲击在质量突然变得极小的陈万里身上，就好像频率很高的光子撞击在被测量的电子之上，他会被激飞，位置和速度统统改变，对准他原先位置攻击的兵器自然打不到他。

第七章

小龙女的不老秘籍

质能方程

金庸写过很多部武侠小说，全部是以古代中国为时代背景。例如《越女剑》的故事发生在春秋战国，《天龙八部》的故事发生在北宋，《神雕侠侣》的故事发生在南宋，《倚天屠龙记》的故事发生在元朝末年，《碧血剑》的故事发生在明朝末年，《鹿鼎记》《雪山飞狐》《飞狐外传》《书剑恩仇录》则都是以清朝为背景。另外还有《侠客行》《连城诀》和《笑傲江湖》这三部作品，没有指明发生在哪个时代，但是从书中人物的发型、着装以及用白银购物等细节来看，讲述的一定是明朝故事。

古代中国没有火柴、打火机、手电筒，金庸笔下的人物如要取火和照明，只能使用火刀、火石、火把、火折等原始工具。江湖儿女居家、旅行，这些零碎必不可少。

例如《天龙八部》第二回，段誉失足落崖，误入逍遥子师兄妹住过的山洞，"只见几上有两座烛台，兀自插着半截残烛，烛台的托盘上放着火刀、火石和火媒"。

再如《天龙八部》第四十回，丐帮成员易大彪受到重伤，奄奄一息，公冶乾"便将他怀中物事都掏了出来"，"什么火刀、火折、暗器、药物、干粮、碎银之类，着实不少"。

火刀是一种刀刃很钝的短刀，火石是一种常见的硅质燧石，用火刀敲击火石，可以打出星星点点的火花。用干燥的草纸或者晒干的艾草做成火媒，使敲出的火花迸溅在上面，再轻轻去吹，火花越吹越旺，等到有火苗燃烧起来，就可以给油灯和火把点火了。

但是油灯不易携带，火把太占地方，于是聪明的古人发明了火折：用草纸、棉布、树皮或者其他易燃物做成一个卷筒，将已经点燃的火媒放在里面，底下塞紧，上面盖严，既能保住火媒不熄灭，又能延长其燃烧时间。需要照明的时候，打开盖子，吹一吹，晃一晃，火媒起火，引燃整个火折，光明随即降临。

《射雕英雄传》第九回，梁子翁深夜查看自己的住处，就是用火折照明的。

　　　　梁子翁笑道："沙龙王是大行家，别再试啦，快认输罢。"说着加快脚步，疾往自己房中奔去。刚踏进门，一股血腥气便扑鼻而至，猛叫不妙，晃亮火折子，只见那条朱红大蛇已死在当地，身子干瘪，蛇血已被吸空，满屋子药罐药瓶乱成一团。梁子翁这一下身子凉了半截，二十年之功废于一夕，抱住了蛇尸，忍不住流下泪来。

《天龙八部》第三十七回，天山童姥带着虚竹躲进一个暗无天日的冰窖，也是用火折照明的。

　　　　两道门一关上，仓库中黑漆一团，伸手不见五指，虚竹摸索着从左侧进去，越到里面，寒气越盛，左手伸将出去，碰到了一片又冷又硬、湿漉漉之物，显然是一大块坚冰。正奇怪间，童姥已晃亮火折，霎时之间，虚竹眼前出现了一片奇景，只见前后左右，都是一大块、一大块割切得方方正正的大冰块，火光闪烁照射在冰块之上，忽青忽蓝，甚是奇幻。

火折易燃，也易熄灭，一会儿就烧完了，所以它只能用于取火和照明，不能拿来烧水做饭。关于这一点，稍有生活常识的朋友都明白，无需多言。

但是伟大的物理学家爱因斯坦提出了著名的狭义相对论，并通过严格的数学推导得到一个重要的"质能方程"：一个物体具有的能量等于它的静止质量与光速平方的乘积。在这个方程中，能量的单位是焦耳，质量的单位是千克，光速是光在真空中的速度，299 792 458 米每秒。

假定一根由纸筒和火媒构成的火折重达 0.001 千克，根据爱因斯坦质能方程，它具有的能量是多少呢？经过简单计算，我们可以得出一个非常惊人的数字——89 875 517 873 682 焦耳！我们知道，1 度电的能量大约是 3 600 000 焦耳，可以让功率为 1000 瓦的电器运行 1 小时；而一根火折所蕴含的能量居然相当于 2500 万度电，可以供一座中等城市使用 24 小时！

记得天山童姥与师妹李秋水在冰窖里比武，刚开始有火折照明，但是很快就烧完了，最多给她们带来了几分钟的光明。如果真像质能方程所揭示的那样，一根火折竟然与 2500 万度电旗鼓相当，并且其能量可以缓慢释放的话，那么冰窖将在长达几万年的时间里亮如白昼，童姥何至于靠听风辨器之术与李秋水拼命呢？

实在讲，爱因斯坦相对论是反常识的，质能方程更加反常识。而这个方程之所以反常识，不是因为它错了，而是因为我们人类暂时还没有掌握将质量全部转化为能量的技术。

爱因斯坦指出，如果一个物体以辐射形式放出能量，那么它的质量减少的比例，就是所放能量与光速平方的比值。

光速很大，光速的平方更大，哪怕是一吨重的物体，与光速平方相比，几乎也是可以忽略不计的。换句话说，如果我们用传统方式将一吨重的物体完全烧掉，由于产生的能量并不大，所以并不会让这个物体失去多少质量，燃烧剩下的质量几乎还是一吨重。

一些缺乏涵养的朋友读到这里，可能会一把火把这本书烧掉，然后用天平去称量残余的纸灰，以此来证明质能方程的荒诞不经，或者证明这本书对质能方程的理解有误。事实上，质能方程不仅仅适用于原子弹的爆炸、氢弹的爆炸、核电站中反应堆的燃烧，同样也适用于日常生活中任何一种形式的能量释放。一本书本来重几十克，烧剩的纸灰只有几克，那是因为我们只称量了纸灰，如果加上燃烧过程中排放到空中的粉尘、烟雾和二氧化碳，其实它的质量还是几十克。一堆煤本来重一吨，烧剩的煤渣只有几百斤，如果加上燃烧过程中排放到空中的粉尘、烟雾、二氧化碳和二氧化硫，它的质量还是一吨，甚至可能比燃烧前更重，因为有大量氧气一起参与燃烧，而氧气也是有质量的！

反物质

烧书、烧煤、烧火折，失去的质量微乎其微，产生的能量自然不会多到哪里去。一言以蔽之，通过燃烧来让物体释放能量，效率太低。

就拿燃烧效率最高的高纯度汽油来说吧，1 千克汽油完全燃烧，大约要消耗 3.5 千克的氧气，产生 2.8 千克的二氧化碳，排放 1.7 千克的有害物质。在整个燃烧过程中，最多只能释放 4300 万焦耳的能量。而根据质能方程，假如这 1 千克汽油的质量完全转化为能量，它将产生 89 875 亿万焦耳的能量，是燃烧所释放能量的 20 亿倍！

关键在于，怎样才能把质量一点儿不剩地全部转化为能量呢？只有一种方法：依靠反物质。

所有宏观物体都由一个个原子组成，每个原子都由原子核和原子核外的电子组成，其中原子核又由质子和中子组成。中子不带电，质子带正电，电子带负电，三种基本粒子共同构成了我们已知的物质世界。

但是物理学家已经在实验室中创造出一种非常奇特的物质，其质子带负电，而电子带正电，质量与自然界中的物质完全相同，但是电荷性质却完全相反，这种物质被命名为"反物质"。

如果我们从实验室中取出反物质，让它与外界物质接触，会释放出巨大的能量。实验结果显示，一克反物质与一克外界物质相遇，两种物质会同时消失，两克质量被完全转化为能量。转化出的能量有多少呢？179 751 035 747 364 焦耳，相当于 418 万吨高纯度汽油完全燃烧所释放的能量，威力相当于 43 000 吨 TNT 炸药同时爆炸。

反物质真是一种逆天的存在，只有它可以用最小的质量换取最大的能量。假设两个国家兵戎相见，一个国家祭出所有的核武器，另一个国家只需要拿出一点点反物质，就可以扭转战局。再假设某个丧心病狂的恐怖分子掌握了反物质，他只需要将一块冰激凌大小的反物质投放出去，就能将整个国家夷为平地，而且还不会留下任何线索，因为反物质一接触外界物质就立即消失，除了释放能量，不会产生任何废料。

温瑞安《四大名捕会京师》系列中有一个情节，追命率领群雄夜探幽冥山庄，中途被人用神秘暗器偷袭。

　　　　追命一发足猛奔，只见白雪倒飞，人则犹如腾云驾雾，早已把众人抛在后头，但巴天石的"一泻千里"身法，也甚是高明，又跑在先，所以追命离之，尚有十丈余远。

　　　　追命正要提气追上，这时风雪更加猛烈，大雪随着冷冽的北风翻飞之下，一二丈内，竟看不见任何东西。

　　　　就在这时，前面倏儿地响起了一声怒吼，接着便是一声闷哼。

　　　　追命心中一震，猛地醒悟，自己等拼命飞奔之中，自不免无及前后照应，而依适才店门前吊死常无天的情形来看，有人对自己等意图不利，而今各个分散，不是正中了敌人之计？当下大叫道："各位小心，放慢速度，有敌来犯？"

　　　　声音滚滚地传了开去，一面暗中戒备，向前掠去，猛地脚下踢到一人，那人呻吟一声，一手向自己的脚踝抓来，追命听出是巴天石的声音，立时高跃而起，厉声喝道："是我，你怎么了？"

这时北风略减，只见巴天石倒在雪地上，雪地上染了一片剧烈惊心的红！

只听巴天石挣扎着道："我……背后……有人用暗器……"

追命忙翻过他的身子一看，只见背后果真有三个小孔，血汩汩淌出，哪里还有暗器在？

不管用什么暗器射入人体，总会有证据留下来，而巴天石中的暗器却消失不见，与反物质的特征是非常吻合的。假如敌人确实用了反物质，追命当然查看不出来。甭说用肉眼观察，就算他把伤者推进医院手术室，用 X 光检查，也不可能查到暗器的踪影。当然，武侠世界中并没有反物质武器，后续情节显示，巴天石中的暗器其实是三根冰条，冰条遇热融化，所以才会消失不见。

现实世界中有没有反物质武器呢？非常遗憾，暂时还没有。

人类第一次在实验中证明反物质存在，那是上世纪三十年代初的事情，如今八十年过去了，我们的技术还停留在只能用高能粒子加速器制造极少量反粒子这个阶段，而且制造出来的反粒子很快湮灭，不能长期保存。2011 年 6 月，欧洲核子研究中心（European Organization for Nuclear Research）成功制造出几十个反氢原子，并用磁场将这些反粒子的存续时间延长到 1000 秒，这已是人类目前在反物质制造领域取得的最大成就。

反氢原子由一个反电子、一个反质子和一个中子构成，是结构最简单的反原子。按照现在的发展速度，我们很可能要在十几年后才能制造出结构稍微复杂的反原子，要在几十年后才能用反原子组合成反分子，要在几百年后才能用反分子组合成反物质。至于开发出反物质武器，更不知道会等到何年何月。

　　如果有那么一天，人类科技突飞猛进，成功合成出一个由反物质有机体组成的反人类，我们兴奋归兴奋，千万不要走上前去和他（她）握手，否则一正一反两个人会在接触的一刹那同归于尽、烟消云散，同时释放出逆天的能量，说不定能将这颗星球炸成两半！

"天下第七"的核武器

既然制造反物质这么难，既然反物质有这么大的危险，我们还是退而求其次，回到效率不太高的质能转化道路上吧。

所谓"效能不太高"的质能转化，主要是指核裂变和核聚变。

原子核由中子和质子组成，一个原子核包含的中子和质子数量越多，它的质量就越重。如果我们用中子去轰击一个重原子核，它会分裂成两个或多个较轻的原子，同时总质量变小，释放出能量，这个过程就是核裂变。如果我们给质量较轻的原子施以极高的温度和极高的压力，两个较轻原子会组合成一个较重的原子，同时总质量变小，释放出能量，这个过程就是核聚变。

之所以说核裂变与核聚变转化能量的效率不太高，是跟前面说过的正反物质相遇、质量百分百转化能量那种极端状态相比而言的。如果与燃烧相比，核裂变与核聚变的能量转化效率可就高得多了。

1945 年 8 月 6 日，日本广岛发生的那场原子弹爆炸属于核裂变，只有 10 千克铀元素参与能量转化，结果产生了 50 万亿焦耳的能量，冲击波造成的风速是 12 级台风的 10 倍，气压是正常大气压的几十万倍，爆炸中心的气温高达 10 亿度。

1954 年 3 月 1 日，美国在比基尼岛试验成功的那次氢弹爆炸属于核聚变，只有几千克人工合成的化合物氘化锂参与能量转化，质量很小，但是威力更大，是广岛原子弹的五六百倍。

即使没有我们人类制造的原子弹和氢弹，自然世界也一直在进行着核裂变与核聚变。地球内部无时无刻不在产生热量和发生地震，能量主要来源于地球深处放射性元素的核裂变。太阳无时无刻不在辐射着能量、散发出高温、为我们食用的植物、使用的燃料提供能量，而这些巨大的能量全部来源于太阳内部氢元素的核聚变。

那么武侠世界中有没有发生过核裂变与核聚变呢？应该也是有的。

让我们翻开温瑞安的《一怒拔剑》第四十三章，找到王小石与"天下第七"斗剑那一段。

　　"天下第七"解开了他的包袱。

　　千个太阳——

　　在手里。

　　他手里有千个太阳。

　　在这生死存亡一发间，王小石是疑多于惊。

　　"天下第七"确是使出了杀手。

　　可是他的出手仍是慢了一慢，缓了一缓。

　　这一慢一缓间，要比刹那之间还短，可是，温柔的"瞬息千里"已然展动。"天下第七"已击不中她，王小石也及时把对方的攻势接了下来。

　　——究竟是"天下第七"出手慢了，还是温柔的轻功太快？

　　王小石不知道。

他只知道以"天下第七"，绝不会放弃那样一个稍纵即逝的大好机会的。

——除非他不想真的杀死温柔。

——怎么会？

王小石已不能再想下去。他什么也不能想，甚至可能以后也不能想东西了。一个已失去生命的人，还能想些什么。

王小石绝不想死。他还有太多的事要做。

"天下第七"的杀手锏一旦展动，包袱一旦开启，王小石的"君不见"刀剑互动之法，马上受到牵制。

如果他要抢先把攻势发出去，只有伤着温柔。温柔一走，"天下第七"的太阳已到了王小石眼前。

先势已失。

王小石只有硬拼，或退避，退避的结果仍是避不掉。

——谁能追到太阳，避过阳光？既不能避，硬拼又如何？

可是王小石却在此时，发现了一件事：

他还没有看清楚"天下第七"包袱内的事物，但已经可以肯定，那件事物，只要跟"天下第七"的功力合在一起，就可以把原来的功力或利器的威力，再增加提升一百倍，甚至超过一百倍的力量！

——这到底是什么东西？

王小石已是别无选择了，他只有避，直避入枣林里。

"天下第七"追入枣林，强光也追入枣林，就像是太阳落入了枣林，整个林子都似烧着了一般灿亮了起来。

"天下第七"即时肯定了一件事情：就算王小石避入枣林，还是躲不掉。

王小石躲不掉太阳的威力。

可是王小石一入枣林，就做了一件事。

凡他经过之处，双掌必挥，树上枣子急落如雨。

箭雨。

因为那些枣子都变成了暗器。

王小石的石头，就在这一刻里，竟变成了枣子。

"天下第七"要击中王小石，他自己也得要被枣子打成千疮百孔。

——要伤害一个人，首先自己也得要付出点代价。

——可是当那代价是死亡的时候，你还愿不愿意付出？

王小石再步出枣林的时候，温柔和张炭都愣住了。

王小石居然还没有死。

——他还活着。

——可是极度疲倦。

——极度疲倦地活着，仍是活着。

——只要一个人仍能活着，就是件好事，可是世上的人总是忘了这件每天都该庆祝的好事。

——难怪有人说：人总是对已经得到的不去珍惜，而去爱惜那希望得到的。

王小石也惊魂未定。

说起来，他和"天下第七"真正交手，只有一招。

那是在温柔施展轻功的刹那，他发出"君不见"一招为始，直至"天下第七"不想为了杀他而硬挨千百颗枣子，故而把那一记"势剑"，回扫枣林，在那一瞬间，枣树林几乎成了光秃秃的。

"天下第七"是一个非常可怕的杀手，"天下第七"是他的绰号，意思是说他在所有高手中排名第七。温瑞安小说中多次提到这个人，他的特征是高高瘦瘦，脸色灰暗，不苟言笑，背上背着一个又老又黄又破又旧的包袱。这个包袱里装的不是书，不是钱，更不是化妆品，究竟是什么东西，从来没有人真正看见过。反正只要他解下包袱，有经验的高手立刻如临大敌。只要他把包袱打开，就"变得光芒万丈""仿佛有千个太阳在手里""剑气之盛，足以掠夺一千条蓬勃的生命"。王小石是绝顶高手，仍然抵挡不住包袱的威力，只好使出围魏救赵之计，用枣林里的枣子当作暗器，向"天下第七"的脸上发射。"天下第七"不愿毁容，被迫用包袱"回扫枣林""在那一瞬间，枣树林几乎成了光秃秃的"。

无论看文字描述，还是看实际威力，"天下第七"包袱里包裹的都像是一种小型核武器，否则不可能这样吓人。

核武器分为两种，一种靠核裂变释放能量，例如原子弹；一种靠核聚变释放能量，例如氢弹。氢弹重量更轻，威力更大，但是发生爆炸的难度更高——需要外界施加几千万度的高温，才能让核外电子摆脱原子核的束缚，使两个原子核碰撞到一起，聚合为新的原子核。迄今为止，美国、前苏联和中国试验成功的氢弹都是用原子弹爆炸产生的超高温来引爆的。氢弹加上原子弹，体积至少比人要大，重量至少在几十吨以上，"天下第七"的包袱无论如何装不下这么大的武器。就算装得下，他也未必背得动。

如果说"天下第七"携带的是一枚原子弹，道理上同样说不过去。

因为原子弹一旦开始爆炸，就无法再继续控制其反应过程，巨大的冲击波、各种形式的辐射、亿万度的高温，从爆炸中心向四周同时扩散，敌人化成了灰烬，"天下第七"岂可幸免？

从使用次数上分析，每一枚原子弹都只能爆炸一次，而"天下第七"的包袱却可以一直使用，从来没见过他换过其他牌子的包袱，也没见过他往包袱里装入新的东西，说明他的武器可以持续使用，仿佛永动机或者可再生能源，这也不符合原子弹的特征。

比较靠谱的解释，"天下第七"包袱里装的应该是一种反应堆，一种小型的核裂变反应堆。

钢铁侠的反应堆

像原子弹一样，核裂变反应堆也是靠原子核的裂变反应来释放能量，只是反应过程比较缓慢，可以控制。

现在人类可以掌控的核裂变，大多是铀核裂变。一个铀核经过裂变，可以产生两个或者更多的中子，这些中子会使更多的铀核发生裂变，进而产生更多的中子，引发更多的裂变……这种反应一旦开始，将永不停息，直到所有铀核完全裂变为止，我们称之为"链式反应"。

为了控制链式反应的速度和温度，我们需要用硼、镉等元素制成控制棒，插入反应堆，吸收链式反应中的多余中子。想让反应堆释放的能量多一些，就把控制棒插入得深一些；想让反应堆释放的能量少一些，就把控制棒插入得浅一些；如果将控制棒完全插入，中子会被完全吸收，链式反应就停止了。

万一控制不住链式反应，反应堆裂变过快，或者局部温度过高，都有可能产生核爆炸，酿成不可估量的灾难。1986年乌克兰切尔诺贝利核电站事故，2011年日本福岛第一核电站事故，都是链式反应失去控制造成的。核电站爆炸能给我们带来多大灾难呢？大家可以通过无人机航拍来观察一下至今荒废的切尔诺贝利城，或者回想一下2011年日本福岛核电站事故新闻传到中国以后，国内居民抢购食盐的疯狂场面。

　　国人希望通过多吃盐来抵抗核辐射，纯属徒劳，只会因为服盐过多造成脱水。反应堆可能产生的有害辐射，一是中子流，二是 γ 射线（伽马射线），三是 β 射线（贝塔射线），四是热辐射。为了阻挡这些辐射，反应堆和大多数辅助设备外面必须设置屏蔽层。

　　辐射类型不同，穿透能力也不同。β 射线是电子流，容易阻挡。热辐射阻挡更容易，做好降温工作就可以了。中子流在速度很快的时候，穿透力极强，快中子几乎无法阻挡，好在反应堆有轻水、重水、石墨等物质作慢化剂，中子速度较慢，用硼元素的稳定同位素硼 10 做一个屏蔽层，即可吸收慢中子，放出 α 粒子。α 粒子是非常容易屏蔽的，甚至穿不透一张纸。最后还剩下能量极高的 γ 射线，只能被钢筋混凝土或者纯钢做成的罩子屏蔽掉，并且还要加上冷却水管，因为 γ 射线本身带有很高的热量，不冷却的话，纯钢也会慢慢熔化。

　　控制了链式反应，屏蔽了有害辐射，反应堆在我们掌控下安全运行，持续释放着能量。现在我们还需要再设计一个循环转化系统，通过水、水蒸气、石墨、液态金属等媒介，将反应堆的能量安全转移到辐射屏蔽层外面，驱动蒸汽机、发电机、电动机、激光发生器、冲击波生成器等设备，来达成我们希望达成的目的，例如发电、喷火、飞行、航天、扔炸弹，或者踹人、举重、抱孩子、扶老奶奶过马路。

　　"天下第七"那只包袱，十有八九是一个反应堆，一个功能单一的反应堆，一个只能将核能量转化为强光、爆炸、冲击波的反应堆。他唯一的目的，只是杀人。

　　核辐射也能杀人，既然"天下第七"只为杀人，直接用核辐射杀人不就行了吗？干吗还要搞什么屏蔽层和能量转化呢？这里面有两个不得不考虑的问题：第一，核辐射是不定向的，如果直接用核辐射杀人，"天下第七"也会被杀；第二，反应堆一直在工作，一直在释放能量，而"天下第七"并不是一直在杀人，他需要一个能量转化系统将反应堆的能量转移并储备起来，在必要的时候才释放能量。

与"天下第七"相似，漫威旗下超级英雄"钢铁侠"（Iron Man）身上也有一个小型反应堆，也是依靠核能量杀人和自卫。两人不同之处在于："天下第七"是坏蛋，钢铁侠是英雄；"天下第七"的反应堆背在身后，钢铁侠的反应堆安在胸口；"天下第七"的反应堆功能单一，钢铁侠的反应堆功能复杂。大家抽空可以重温《钢铁侠》系列电影，小罗伯特·唐尼（Robert Downey Jr.）饰演的角色在影片里东征西讨、上天入地、发光喷火、玩枪弄炮，集各种超能力于一身，能量全部来源于他胸前那个巴掌大的小型方舟反应堆。

方舟反应堆可能是裂变堆，也可能是聚变堆。电影《钢铁侠Ⅰ》中的反应堆用金属钯的放射性同位素做燃料，钯在元素周期表中顺序靠后，不太可能实现聚变，所以钢铁侠的方舟反应堆应该是裂变堆，就像当今世界上所有核电站一样，靠裂变产生能量。

曾有科学爱好者认定钢铁侠使用的是冷聚变反应堆，但是到今天为止，我们只能在超高温条件下制造热聚变，冷聚变仅仅是一种猜想。还有人谣传，一个名叫泰勒·威尔森的美国天才在十四岁那年就建造了核聚变反应堆，在十九岁那年又发明了小型核聚变反应堆。事实上，这位少年天才发明的只是一块核电池，离聚变反应堆还差十万八千里。

人类科技水平远远没有达到安全利用聚变反应堆的地步。无论美国还是中国，聚变反应堆都还处于实验阶段，小型聚变反应堆更是处于理论研究阶段。在包袱那样的狭小空间内控制亿万度高温，屏蔽有害辐射，转化聚变能量，安全利用核能，而且还能像手机一样随身携带，如此逆天的"黑科技"，我们有生之年未必见得到。武侠的归武侠，物理的归物理，理想的归理想，现实的归现实，千万不可等而视之，更不可将谣言当成科技。

谣言无处不在，根源在于无知。最近几年科技方面的谣言主要集中在两个领域，一是转基因，二是核辐射。转基因属于生物科技范畴，与我们这本物理科普书没有关系，下面简单说说核辐射。

所谓"辐射"，是指物体向外发射粒子或者电磁波的现象。谣言无处不在，辐射也无处不在。谣言会给无知者带来危害，而这颗星球上绝大多数辐射对人体是无害的，甚至是有益的。

就拿阳光来说吧，它是太阳核聚变反应发射的电磁波，不仅是辐射，而且是核辐射。可是你难道会说阳光对人有害吗？离开阳光这种辐射，人类肯定完蛋。

再比如说燃烧，所有物质的燃烧在本质上都是热辐射。如果要远离热辐射，那我们的祖先就不应该学会用火，大家一起茹毛饮血好了。

我们吃的食物、喝的清水、泡的温泉、住的房子、乘坐的飞机、使用的手机、抽的烟、喝的酒、穿的衣服，无时无刻不在进行热辐射。只要一个物体的温度超过绝对零度（零下273.15摄氏度），它就一定有辐射。而热力学第三定律告诉我们，这个世界上所有物体的温度都超过绝对零度。包括我们的身体都在辐射，除了热辐射，身体内部的一部分钾元素和碳元素属于放射性物质，每秒钟都在进行原子衰变，辐射出一些粒子，但这种辐射并不会产生任何危害。

很多朋友担心电脑辐射危害健康，听信谣言，在办公桌上放仙人掌。其实电脑辐射的强度是暮春时节温暖阳光辐射强度的几百分之一，如果你不怕晒太阳，那就没必要担心电脑辐射。而如果你担心电脑辐射，那就应该穿上宇航员造价几千万美元的专业太空服，或者建造一堵钢筋混凝土厚墙，将自己与电脑完全隔绝。仙人掌以及其他任何植物都不能完全阻挡电磁波，除非你用几百盆仙人掌把电脑埋起来。当然，用完电脑洗把脸还是有好处的，一是可以缓解疲劳，二是可以洗掉面部静电吸附的微尘，有助于美白。

有些老太太担心儿媳妇会因为电子辐射流产，不敢使用微波炉，不敢看电视，强行要求邻居关闭 Wi-Fi。其实这些家用电器的辐射强度还不及传统壁炉热辐射的万分之一，除非老太太变态到把儿媳妇关进微波炉，否则完全不用担心胎儿发育。恰恰是过于担心胎儿发育，频繁让儿媳去医院做 B 超，这种行为才是真正有害的。

核辐射比上述辐射强烈得多，原子弹爆炸与核电站泄露让人谈核色变，情有可原。但是只要核电站正常运行，没有发生泄漏事故，住在核电站隔壁也会很安全。前面说过，核反应堆外面有屏蔽层，可以隔绝一切有害辐射。香港天文台连续二十年对深圳大亚湾核电站的辐射影响进行监测，证明核电站周边空气、水质与海洋生物没有受到任何来自核辐射的影响。如果在核电站附近 10 公里范围内居住一年，所吸收的辐射量大约是 0.01 毫希每年，相当于坐一个小时飞机受到的辐射量。

运动会增加体重吗？

　　科学能击碎谣言，有时候也能击碎常识。一个质量极小的物体竟然能产生极大的能量，物质与反物质相遇竟然会一起消失，世间万物竟然都在产生辐射，这些都是科学结论，都违背我们的常识。

　　根据爱因斯坦的狭义相对论，违背常识的事情还多着呢！

　　《天龙八部》中有一位马夫人，心狠手辣，貌美如花，自认美貌天下第一，临死还要照一照镜子。她之所以能看见镜子里的自己，是因为有光从她脸上发出来，射到镜面上，再反射到她的眼睛里，被她的视觉神经所感知。现在假设她为了躲避敌人的追杀，一边跑一边照镜子，光反射到她眼睛的时间会不会延迟呢？

　　我们知道，从月球到地球，光要走一秒多钟。从太阳到地球，光要走八分多钟。从镜子到马夫人的脸，光要走几亿分之一秒钟。几亿分之一秒当然很短，但再短的时间也是时间，按照常识，马夫人跑得越快，反射光相对于她的速度就会越慢。如果您不理解这一点，不妨将反射光当成一颗从高速飞行的战斗机上向机尾射出的子弹，飞机往前飞得越快，子弹往后飞得越慢。如果马夫人的速度与光速相同，反射光将一直"停留"在她前面，无法进入她的眼睛，她将再也看不到镜子里的自己。这就好比飞机的速率与子弹的速率一致时，向后发射的子弹会"悬"在那儿不动一样。

爱因斯坦做过类似的设想，并做了精确的数据推算。结果他发现，不管一个人跑得有多快，光相对于人的速度都不会变，平常能在镜子里看见自己，以光速奔跑时仍然能在镜子里看见自己。如果我们坐在一个0.5 倍光速上升的火箭上，打开手电筒往上照，手电筒发射光的速度并非1.5 倍光速，而是原来的光速。如果我们将手电筒往下照，光仍然是原来的速度，而不会减小到0.5 倍。

最近几十年来，物理学家的实验结果不断证明，爱因斯坦是正确的。他提出的狭义相对论中第二个基本假设是正确的，即在不同的惯性参考系中，光速保持不变。

我们生活的这个宇宙很可能正在加速膨胀，离我们越远的星系，飞离的速度越快，快到超过光速，以至于那些星系发出的光永远不可能被我们看到。但是在那些星系上，光速仍然恒定不变，仍然遵守狭义相对论的第二个基本假设。

下面再说一个根据狭义相对论推导出的物理定律：物体在运动时，相对静止的观察者会发现，沿着运动方向的长度比该物体静止时要短。

您手持一把宝剑，剑长三尺，以迅雷不及掩耳之势向我刺来。我完全不顾自身安危，拿出一台足够精密的测量仪器，在这把剑刺进我的身体之前，准确测量出剑的长度。我会发现，您的剑变短了，它缩短了亿万分之一米。

您以0.5 倍的光速向我冲来，我非常冷静，岿然不动，继续用那台足够精密的仪器测量您的腰围。测量结果显示，您变瘦了，腰围变成了原先的0.87 倍。为什么会是0.87 倍呢？因为狭义相对论的推导公式表明，物体在运动中的长度，取决于运动速度与光速的比值。这个公式稍微有些复杂，需要用到开方和平方计算，对数学感兴趣的朋友可以在网络上找到这个公式，自己动手算一算。

狭义相对论还有一个关于运动质量的推导公式，证明物体在运动时的质量总要大于它在静止时的质量。假设一个成年男子重80公斤，他以0.5倍光速奔跑，质量将变成80公斤的1.15倍，即92公斤。具体的推导公式与计算方法，在网络上也可以找到。

运动会让物体长度变短，不是因为空气摩擦，不是因为压力变大，更不是因为测量上出现了误差。就像刚才举的例子，您以0.5倍光速奔跑，腰围突然减小，整个人变细了，那并非运动瘦身的结果，仅仅因为物理定律就是如此。

运动会让物体质量增加，也不是因为空气阻力导致测量数据上的偏差，更不是因为运动消耗能量，饭量大增，回家多吃了几碗饭，故此才导致身体增重。即使一个人躺在运动中的宇宙飞船里睡大觉，他的体重仍然会增加。

多运动不是能减肥吗？怎么反过来增加体重呢？为了保持体型，以后是不是不要运动了呢？其实完全不用担心。

第一，我们在日常生活中的运动速度太慢，与光速相比，可以忽略不计，增加的质量非常小，小到用现有测量仪器完全测不到。比如我们以10米每秒的速度狂奔，质量仅仅会增加0.0000000000000000000⋯⋯0000001倍，省略中的零还有很多，写满这页纸都写不完。

第二，一旦运动结束，质量还会恢复到原来的状态。未来某一天，我们乘坐0.9倍光速的宇宙飞船在太空旅行，每个人都会增重5倍以上。

等到我们飞回地球，大家还会是原来的样子，既没有增重，也没有减重。在现实生活中，返回地球的宇航员一般都会发现自己比以前瘦了，这是新陈代谢异常造成的，与运动无关。

运动越接近光速，长度会越短，质量会越大。当我们以光速运动的时候，其他观察者会发现我们腰围缩减到无限小，体重增加到无穷大。幸好在这个宇宙中，任何有质量的物体都只能接近光速，永远不可能以光速运动。光子为什么能以光速运动呢？因为它们都是一小团一小团的能量包，没有质量。

老顽童的时间轴

现代人都不喜欢衰老，女生尤其不喜欢。赵雅芝小姐年过六十，依然保持青春活力，让所有女生羡慕到死，咬着手指喊人家"冻龄美女"。刘德华老师年过五旬，还是像三十岁的年轻人那样阳光帅气，同样令绝大多数老男人自惭形秽，渴望自己也能掌握返老还童的秘籍。

大家不要忧伤，不要着急，延缓衰老的秘籍，现在来了！

这条秘籍同样来自爱因斯坦的狭义相对论，可以用文字表述如下：物体在运动时，相对静止的观察者将发现，该物体经历的时间会比自己慢。

来，让我们再次坐上那艘超级无敌的宇宙飞船，以 0.5 倍光速飞行。时间不断流逝，一天过去了，两天过去了，每天都是 24 小时，每小时都是 60 分，我们既没有感觉到时间变快，也没有感觉到时间变慢。但是地面上的观察者却会看到（如果他可以看到那么远的话），飞船上的时间变长了，每天不再是 24 小时，而延长到了 28 小时，每小时也不再是 60 分，而延长到了 70 分。如果飞船上发生内讧，您朝我左脸打了一拳，这一拳用了 1 秒，地面上的观察者看到的却是 1.15 秒。从他的角度观察，您的动作变慢了，我躲闪的速度也变慢了，仿佛摁了慢放键的 DVD 画面。

再假如这艘飞船继续加速，以 0.9 倍光速飞行，从地面上观察，我们经历的时间会更慢。每天 24 小时将延长到 126 小时，每小时 60 分将延长到 316 分，你打我那一拳所经历的时间也将从 1 秒变成 5.26 秒。

总而言之，飞船越接近光速，时间就变得越慢。当飞船完全等于光速时，时间似乎完全静止了，从地面观察飞船，历史的长河不再流动，我们的人生突然定格，十八岁的美少女永远十八岁，五十岁的老帅哥永远五十岁，从此我们青春永驻，永远不会老。

金庸笔下有一位老顽童周伯通，从《射雕英雄传》一直活到《神雕侠侣》。郭靖少年时，他就是活泼可爱的老头，几十年以后，连后生小子杨过都成长为一代名侠，他还是活泼可爱的老头。《神雕侠侣》第三十四回，老顽童已是百岁老人，身体倍儿棒，吃嘛嘛香，活力犹胜当年。

> 杨过道："这位雕兄不知已有几百岁，它年纪可比你老得多呢！喂，老顽童，你怎地返老还童，雪白的头发反而变黑了？"周伯通笑道："这头发胡子，不由人做主，从前它爱由黑变白，只得让它变，现下又由白变黑，我也拿它没法子。"郭襄道："将来你越变越幼小，人人见了你，都拍拍你头，叫你一声小弟弟，那才教好玩呢。"
>
> 周伯通一听，不由得当真有些担忧，呆呆出神，不再言语。其实世间岂真有返老还童之事？只因他生性朴实，一生无忧无虑，内功又深，兼之在山中采食首乌、茯苓、玉蜂蜜浆等大补之物，须发竟至转色。即是不谙内功之人，老齿落后重生，节骨愈老愈健之事，亦在所多有。周伯通虽非道士，但深得道家冲虚养生的要旨，因此年近百龄，仍是精神矍铄，这一大半可说是天性使然。

其实首乌和茯苓都有微毒，经常服用不但不能延年益寿，还会导致中毒。老顽童驻颜有术，一是心态好，天生乐天派，永远无忧无虑；二是爱运动，一时一刻都停不下来。户枢不蠹，流水不腐，运动是延缓衰老的最好方式，比吃任何灵丹妙药都管用。

当然，我们日常生活中的运动速度太慢，虽然有益身心，却不能让时间变慢。准确地说，是不能让时间明显变慢。前面不是做过计算吗？以 0.5 倍光速运动，时间才变慢 1.15 倍。0.5 倍光速是多少？每秒将近 15 万公里，是跑步速度的几千万倍！即使我们拿出终生时间去跑步，也不能让时间变慢 1 毫秒。

所以呢，我们还是开开心心做运动好了，既不要奢望寿与天齐，也不用担心运动会扰乱这个世界的时间轴。放心，不管我们如何运动，时间的方向和尺度都不会变，现世安稳，岁月静好。

小龙女的不老秘籍

爱因斯坦先提出狭义相对论，后来又提出了广义相对论。狭义相对论可以推导出许多反常识的结论，例如运动可以让时间变慢，可以让质量增加，可以让长度缩短。广义相对论也可以推导出许多反常识的结论，例如强引力场可以让光线弯曲，让时间变慢。

我们生活在地球上，地球吸引着多达几十亿人的人类，吸引着厚达几千公里的大气层，吸引着抛出的石头、射出的子弹、飞出的导弹，吸引着绕地公转的月亮和各种人造卫星，它的引力非常强大。但是放在整个宇宙空间，地球只是一粒微不足道的微尘，比它大得多的引力场有的是。

牛顿认识到引力与两个物体的质量和距离有关；质量越大，引力越大；距离越远，引力越小。爱因斯坦更进一步，他指出引力不过是空间的弯曲，而空间（包括时间）很可能只是质量的某种属性。每一个物体都有质量，每个物体都能让空间发生弯曲，进而在形式上表现为引力场。你、我、他，郭靖、黄蓉、老顽童，每个人都有质量，每个人都在产生引力场。只是我们的质量太小，我们的引力场太弱，无法感知，也无法测量。大质量天体就不同了，例如比地球重几十万倍的太阳，比太阳重几十万倍的超巨星，它们让时空发生明显的弯曲，光线经过时会出现明显的偏折，时间流逝会明显变慢。

按照牛顿的万有引力定律，引力除了受质量影响，还受距离的影响。天体的体积越小，从表面到其几何中心的距离就越短，这种天体附近的引力场自然就越强。比如有一种致密天体白矮星，质量与太阳差不多，体积却与地球相似，平均密度在太阳密度的十万倍以上，引力场远超太阳，时空弯曲得非常厉害。如果我们能在这种天体上正常生存，时间将明显变慢，相应的，寿命将明显延长。

引力场有强弱，时间流逝有快慢，中国古典文学作品中早有相应"证据"。《西游记》第四回，孙悟空在天宫待了半个月，不满玉皇大帝封他的官职，回到花果山老家，猴子猴孙都道："恭喜大王，上界去十数年，想必得意荣归也？"悟空很诧异："我才半月有余，那里有十数年？"众猴赶忙给他做科普："大王，你在天上不觉时辰，天上一日，就是下界一年哩！"从广义相对论角度来分析，天宫一定是超级致密的大质量天体，不然时间流逝的速度不会比凡间慢那么多。

大质量天体会慢慢坍缩，坍缩速度越来越快，直到某一刻，突然变成密度无限大、体积无限小、引力场无限强的奇怪东西，物理学上称为"黑洞"。黑洞可以吸引一切光线和一切物体，时空被它无限扭曲，时间在它的引力场中变得无限长。如果人类能在黑洞中生活的话，也许会像《鹿鼎记》中神龙教主渴望的那样，仙福永享，寿与天齐，千秋万载，一统江湖。不过十有八九，我们抵抗不住黑洞的引力，在距离黑洞还很远的时候，就会被引力扯成碎片。

《神雕侠侣》第三十九回，杨过跳下绝情谷，在谷底找到十六年来日思夜想、魂牵梦萦的小龙女，他发现自己比小龙女老了许多。

两人呆立半晌，"啊"的一声轻呼，搂抱在一起。燕燕轻盈，莺莺娇软，是耶非耶？是真是幻？

过了良久，杨过才道："龙儿，你容貌一点也没变，我却老了。"小龙女端目凝视，说道："不是老了，是我的过儿长大了。"

小龙女年长于杨过数岁，但她自幼居于古墓，跟随师父修习内功，屏绝思虑欲念。杨过却饱历忧患，大悲大乐，因此到二人成婚之时，已似年貌相若。

那古墓派玉女功养生修炼，有"十二少、十二多"的正反要诀："少思、少念、少欲、少事、少语、少笑、少愁、少乐、少喜、少怒、少好、少恶。行此十二少，乃养生之都契也。多思则神怠，多念则精散，多欲则智损，多事则形疲，多语则气促，多笑则肝伤，多愁则心慑，多乐则意溢，多喜则忘错昏乱，多怒则百脉不定，多好则专迷不治，多恶则焦煎毋宁。此十二多不除，丧生之本也。"小龙女自幼修为，无喜无乐，无思无虑，功力之纯，即是师祖林朝英亦有所不及。但后来杨过一到古墓，两人相处日久，情愫暗生，这少语少事、少喜少愁的规条便渐渐无法信守了。婚后别离一十六年，杨过风尘漂泊，闯荡江湖，忧心悄悄，两鬓星星；小龙女却幽居深谷，虽终不免相思之苦，但究竟二十年的幼功非同小可，过得数年后，重行修炼那"十二少"要诀，渐渐的少思少念，少欲少事，独居谷底，却也不觉寂寞难遣，因之两人久别重逢，反显得杨过年纪比她为大了。

小龙女十六年不见老，得益于她少思寡欲的性情，也得益于绝情谷底的引力场——绝情谷深达百余丈，距离地心更近，引力更强，时间流逝得更慢。杨过在地面上生活，当然老得比她快一些。

　　有必要说明，绝情谷不是黑洞，那里的引力场只会比地表强一点点，时间只会比地表慢一点点，小龙女和杨过的时间轴不可能相差十六年那么多。

　　还有必要说明，即使小龙女身处黑洞，即使她的时间完全静止，那也只是外界观察者趴在谷口看到的表象。在她自己看来，十六年还是十六年，既没有多一秒，也没有短一秒。不管外界观察者按下快进键，还是按下慢放键，都不会对她产生影响。她在谷底经历的，依然是漫长的等待、甜蜜的相思、记忆里那些地久天长的山盟海誓。